清原森林站
木本植物图谱

Woody Species in Qingyuan Forest

孙一荣 于立忠 朱教君 等 编著

中国林业出版社
China Forestry Publishing House

编著者（按姓氏拼音排序）

胡理乐　刘利芳　毛志宏　孙一荣
于立忠　张　粤　张金鑫　朱教君

图书在版编目（CIP）数据

清原森林站木本植物图谱 / 孙一荣等编著. —— 北京:中国林业出版社, 2022.9
ISBN 978-7-5219-1787-1

Ⅰ.①清… Ⅱ.①孙… Ⅲ.①木本植物—清原满族自治县—图谱 Ⅳ.①S717.231.4-64

中国版本图书馆CIP数据核字(2022)第132864号

责任编辑：李　敏　　电话：（010）83143575

出版　中国林业出版社（100009　北京市西城区刘海胡同 7 号）
　　　http://www.forestry.gov.cn/lycb.html
印刷　河北华商印刷有限公司
版次　2022 年 9 月第 1 版
印次　2022 年 9 月第 1 次印刷
开本　787mm×1092mm　1/16
印张　15.5
字数　304 千字
定价　160.00 元

内容简介
Abstract

　　本书收录了辽宁清原森林生态系统国家野外科学观测研究站/中国科学院清原森林生态系统观测研究站（简称：清原森林站）26科54属103种木本植物。除描述每种植物的主要特征外，还配有主要特征的彩色照片，分别展示干/茎、枝、叶、芽、花、果等特征。全书以植物学分类的科属排列，以种为单元，介绍其名称（中文名/别名、拉丁名、英文名、日文名、韩文名、俄文名）、科属、主要用途、生境与习性、主要特征（生活型、干/茎、枝、叶、芽、花、果、种子、花果期等），以及在清原森林站的分布等。本书作为清原森林站植物资源基础数据和科普材料，可为相关研究人员提供参考，也可作为植物爱好者识别植物的指导手册。

前　言
Preface

　　辽宁清原森林生态系统国家野外科学观测研究站/中国科学院清原森林生态系统观测研究站（简称：清原森林站）始建于2002年，2012年成为中国科学院"院级站"，2014年加入中国生态系统研究网络（CERN），2020年纳入国家野外科学观测研究站择优建设序列。清原森林站位于辽东山区，长白山余脉的龙岗山北麓（41°51′09.94″N，124°56′11.22″E）。该区属温带大陆性季风气候，地貌类型为山地，区域顶极植被为温带针阔叶混交林，目前主要森林类型为次生林（占东北森林面积的70%以上）和落叶松、红松人工林，是东北温带森林典型代表。

　　清原森林站作为全国科普教育基地和辽宁省科普基地、高校/科研院所科研教学基地、农林科技推广试验示范基地，至今尚无关于清原森林站木本植物资源的基础资料图书。值此建站20周年之际，我们基于长期以来收集、整理分布于清原森林站的木本植物照片等材料，查阅东北植物分类的相关文献，形成本书；作为清原森林站植物资源基础数据和科普材料，为今后深入研究提供了必需的基本信息。

　　本书除描述每种植物的主要特征外，还配有主要特征的彩色照片，分别展示干/茎、枝、叶、芽、花、果等（对于个别特征缺失的照片，以备注形式说明）。90%以上彩色照片为清原森林站工作人员拍摄，少部分来自网络。全书以植物学分类的科属排列，其中，裸子植物和被子植物科的顺序分别按郑万钧 (1975) 系统和恩格勒 (1964) 系统排列；科内的属名和种名均按拉丁文字母顺序排列。本书以种为单元，介绍其学名、科属、主要用途、生境与习性、主要特征（生活型、干/茎、枝、叶、芽、花、果、种子、花果期等），以及在清原森林站的分布。基于各树种在清原森林站的分布情况，每个属配有一张树种分布图，属内分布相同树种用同一颜色标示。由于清原森林站地处东北林区，与俄罗斯、朝鲜、韩国和日本交流较多，每个树种除标注中文名、拉丁名外，还标注了对应的英文名、俄文名、韩文名和日文名。另外，为了开展植物常识科普，还标注了民间常用的别名。

本书共收录26科54属103种木本植物，约占长白山木本植物43%（长白山有239种木本植物，见《中国长白山木本植物彩色图志》，朱俊义和周繇编著，2013年）。列入国家重点保护野生植物名录共5种，其中一级1种：东北红豆杉（*Taxus cuspidata*）；二级4种：红松（*Pinus koraiensis*）、黄檗（*Phellodendron amurense*）、软枣猕猴桃（*Actinidia arguta*）、水曲柳（*Fraxinus mandschurica*）。列入中国珍稀濒危植物共9种，其中一级1种：东北红豆杉；二级8种：刺五加（*Eleutherococcus senticosus*）、软枣猕猴桃、狗枣猕猴桃（*Actinidia kolomikta*）、木通马兜铃（*Aristolochia manshuriensis*）、水曲柳、黄檗、红松、紫椴（*Tilia amurensis*）。列入国家珍贵树种共7种，其中一级1种：黄檗；二级6种：水曲柳、胡桃楸（*Juglans mandshurica*）、红松、东北红豆杉、蒙古栎（*Quercus mongolica*）、山槐（*Maackia amurensis*）。此外，清原森林站还有一些引进树种，如：日本落叶松、脂松（*Pinus resinosa*）、球柏（*Sabina chinensis* 'Globosa'）、矮丛越橘（*Vaccinium angustifolium*）、刺槐（*Robinia pseudoacacia*）、紫穗槐（*Amorpha fruticosa*）、水蜡（*Ligustrum obtusifolium*）、紫叶李（*Prunus cerasifera* f. *atropurpurea*）和海棠（*Malus spectabilis*）等。需要特别说明：清原森林站虽地处长白落叶松天然分布区，但无天然长白落叶松分布，现有的长白落叶松均为人工栽植。

　　感谢清原森林站建站以来的工作人员、毕业学生等的大力支持，感谢中国科学院沈阳应用生态研究所曹伟研究员、黄彦青高级工程师等对本书编纂提出的宝贵意见。在编写过程中参考了中国植物物种信息系统（http://www.iplant.cn）等相关文献，对文献作者一并致谢。

　　由于编者非专业摄影，水平有限，错误疏漏在所难免，敬请各位读者批评指正。

朱教君

2022年2月18日

目 录
Contents

被子植物门　ANGIOSPERMAE

清原森林站
木本植物图谱

裸子植物门

GYMNOSPERMAE

松科
PINACEAE

冷杉属 *Abies*

杉松（沙松、白松、辽东冷杉）

Abies holophylla Maxim.

Manchurian fir, 전나무, チョウセンモミ,
Пихта цельнолистная

　　杉松分布于中国辽宁东部、吉林东部和黑龙江东南部，俄罗斯和朝鲜也有分布。是优良用材树种之一。耐阴，耐寒，喜冷湿气候，喜深厚湿润、排水良好的酸性土；浅根性树种，寿命较长。

🔰 主要特征

- **生活型：** 常绿乔木（成树高达30m，胸径可达1m）。
- **树干（树皮）：** 干形通直；树冠宽圆锥形，老树宽伞形；幼树树皮淡褐色，不裂，老则灰褐色或暗褐色，浅纵裂成条片状。
- **枝：** 大枝平展；1年生枝淡黄灰色或淡黄褐色，无毛，有光泽，2～3年生枝灰色、灰黄色或灰褐色。
- **叶：** 叶长2～4cm，宽1.5～2.5mm，先端急尖或渐尖，无凹缺，果枝的叶上面中上部或近先端常有2～5条不整齐的气孔线；横切面有2个中生树脂道。
- **芽：** 冬芽卵圆形，有树脂。
- **花：** 雌雄同株，均着生2年生枝上；雄球花圆筒形，着生叶腋，下垂，长约15mm，黄绿色；雌球花长圆筒状，直立，长约35mm，淡绿色，生于枝顶部。
- **果：** 球果圆柱形，长6～14cm，径3.5～4cm，熟前绿色，熟时淡黄褐色或淡褐色，近无梗；中部种鳞近扇状四边形或倒三角

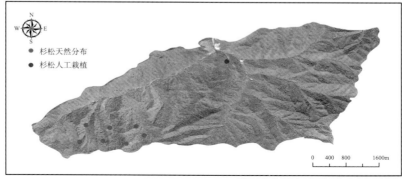

清原森林站冷杉属树种分布示意图

状扇形，上部宽圆，微厚，上部边缘内曲；苞鳞短，不露出。

- **种子：** 倒三角形，长8～9mm；种翅宽大，淡褐色，比种子长。
- **花果期：** 花期4月下旬至5月上旬，果期5月中下旬至翌年10月中上旬。

📍 本区分布

生于清原森林站站区海拔600～1100m的阔叶混交林内，在山脚、交通便利的地方也有人工栽植。

🖼 主要特征照片

芽

雌球花

叶

整株

干

枝

落叶松属 *Larix*

日本落叶松

***Larix kaempferi* (Lamb.) Carr.**

Japanese larch, 낙엽송 (일본잎갈나무), カラマツ,
Лиственница Кемпфера

　　日本落叶松原产地日本（分布在日本本州中部和关东地区），是引进树种。中国黑龙江（牡丹江地区的青山）、吉林（安国、春化、土们岭、威虎岭）、辽宁（丹东、本溪、凤诚、桓仁、抚顺、旅顺）、河北（北戴河）、山东（崂山、塔山）、河南（鸡公山）、江西（庐山）等地引种栽培。是中山地带的优良造林树种之一。喜光，浅根系，抗风力差；喜肥沃、湿润、排水良好的砂壤土或壤土。

主要特征

- **生活型：** 落叶乔木（原产地高达30m，胸径可达1m）。
- **树干（树皮）：** 干形通直；枝平展，树冠塔形；树皮暗褐色，纵裂成鳞状块片脱落。
- **枝：** 幼枝被褐色柔毛，后渐脱落，1年生长枝淡红褐色，有白粉；2～3年生枝灰褐色或黑褐色；短枝上具明显的历年叶枕形成的环痕，顶端叶枕之间疏生柔毛。
- **叶：** 倒披针状条形，长1.5～3.5cm，宽1～2mm，先端微尖或钝，上面稍平，下面中脉隆起，两侧各有5～8条气孔线。
- **芽：** 冬芽紫褐色，顶芽近球形，基部芽鳞三角形，先端具长尖头，边缘有睫毛。
- **花：** 雄球花淡褐黄色，卵圆形，长6～8mm，径约5mm；雌球

清原森林站落叶松属树种分布示意图

花紫红色，苞鳞反曲，有白粉，先端三裂，中裂急尖。

- **果：** 球果卵圆形或圆柱状卵形，长2～3.5cm，径1.8～2.8cm，熟时黄褐色，具46～65枚种鳞；中部种鳞卵状矩圆形或卵状方形，上部边缘波状，显著向外反曲，先端平而微凹，背面具褐色疣状突起或短粗毛；苞鳞不露出。
- **种子：** 倒卵圆形，长3～4mm，种翅上部三角状，中部较宽，连翅长1.1～1.4mm。
- **花果期：** 花期4月下旬至5月上旬，果期6月上旬至翌年10月中旬。

本区分布

生于清原森林站站区海拔560～1000m，主要为20世纪80年代以后人工植苗造林形成的人工林，多栽植于山脚、交通便利的地方。

主要特征照片

雌球花

枝

叶

雄球花

球果

整株

干

长白落叶松（黄花落叶松）

Larix olgensis Henry

Olga bay larch, 잎갈나무, チョウセンカラマツ,
Лиственница ольгинская

长白落叶松分布于中国东北长白山区及老爷岭山区，朝鲜北部和俄罗斯远东地区也有分布。是湿润山地的重要造林树种之一。喜光，耐严寒，喜湿润，对土壤的适应性较强，有一定的耐水湿能力，浅根性树种。

主要特征

- **生活型：** 落叶乔木（成树高达30m，胸径可达1m）。
- **树干（树皮）：** 干形通直，树冠塔形；树皮灰褐色，**纵裂成长鳞片，剥落后内皮紫红色。**
- **枝：** 大枝平展或斜展，**小枝不下垂，**1年生长枝径约1mm，淡红褐或淡褐色，被毛或无毛，微有光泽，基部常被长毛，有时疏被短毛，2~3年生枝灰色或暗灰色；短枝径2~3mm，深灰色，顶端叶枕之间密生淡褐色柔毛。
- **叶：** 倒披针状线形，长1.5~2.5cm，宽约1mm，先端钝或微尖，上面平，两侧偶有1~2条气孔线，下面中脉两侧各有2~5条气孔线。
- **芽：** 冬芽淡紫褐色，顶芽卵圆形或微呈圆锥状，芽鳞膜质，边缘具睫毛；基部芽鳞三角状卵形，先端有长尖头。
- **果：** 球果长卵圆形，长1.5~2.6cm，稀达3.2~4.6cm，径1~2cm，熟前淡红紫或紫红色，稀绿色，熟时淡褐色，或稍带紫色，顶端种鳞排列紧密，不张开，具16~40枚种鳞；中部种鳞广卵形、四方状广卵形或方圆形，长宽近相等，背面及上部边缘有细小疣状突起，被毛或无毛，先端圆或微凹；苞鳞短，不露出。
- **种子：** 倒卵圆形，长3~4mm，淡黄白或白色，连翅长约9mm。
- **花果期：** 花期5月中下旬，果期5月下旬至翌年10月中旬。

本区分布

生于清原森林站站区海拔560~1000m湿润山坡及沼泽地区，为人工植苗造林形成的人工林，多栽植于山脚、交通便利的地方。

主要特征照片

整株

球果

雄球花

枝

干

叶

云杉属 *Picea*

鱼鳞云杉（鱼鳞松、鱼鳞杉）

Picea jezoensis var. _microsperma_ (Lindl.) Cheng et L. K. Fu

Yeddo spruce, 가문비, エゾマツ,
Чешуйчатая ель

　　鱼鳞云杉分布于中国东北大兴安岭至小兴安岭南端及松花江流域中下游，吉林和辽宁，日本北海道和俄罗斯远东地区也有分布。是用材树种，也是城镇园林绿化的优良树种。耐阴树种，浅根性，喜土层深厚、湿润、肥沃、排水良好的微酸性棕色森林土壤。

主要特征

- **生活型：**常绿乔木（成树高达50m，胸径可达1.5m）。
- **树干（树皮）：**干形通直；树冠尖塔形或圆柱形；幼树树皮暗褐色，老则呈灰色，裂成鳞状块片。
- **枝：**大枝短，平展；1年生枝褐色、淡黄褐色或淡褐色，无毛或具疏生短毛，微有光泽，2~3年生枝微带灰色。
- **叶：**小枝上面之叶覆瓦状向前伸展，下面及两侧之叶向两侧弯伸，条形，常微弯，长1~2cm，宽1.5~2mm，先端常微钝；上面有2条白粉气孔带，每带有5~8条气孔线，下面光绿色，无气孔。
- **芽：**冬芽圆锥形，淡褐色，几无树脂。
- **果：**球果矩圆状圆柱形或长卵圆形，成熟前绿色，熟时褐色或淡黄褐色，长4~6cm，径2~2.6cm。
- **种子：**种子卵形，长2.4~3.0mm，黑色；翅椭圆形，长约9mm，宽3mm。

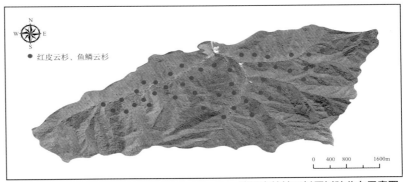

清原森林站云杉属树种分布示意图

- **花果期：**花期5月下旬至6月中旬，果期6月下旬至翌年10月中旬。

📍 本区分布

　　生于清原森林站站区海拔560～800m的丘陵或缓坡地带。

🖼 主要特征照片

球果

雄球花

叶

整株

干

枝

红皮云杉（红皮臭）

Picea koraiensis Nakai

Koyama spruce, 종비나무, チョウセンハリモミ,
Ель корейская

红皮云杉分布于中国东北大小兴安岭、吉林长白山区、辽宁和内蒙古，朝鲜北部及俄罗斯远东地区也有分布。主要用于造林和庭院绿化。喜湿度大、土壤肥厚而排水良好的环境，较耐阴、耐寒、耐干旱；浅根性，侧根发达，生长比较快。

主要特征

- **生活型：**常绿乔木（成树高达30m以上，胸径达60～80cm）。
- **树干（树皮）：**树冠尖塔形；树皮灰褐色或淡红褐色，很少灰色，裂成不规则薄条片脱落，裂缝常为红褐色。
- **枝：**大枝斜伸至平展；**1年生枝黄色、淡黄褐色或淡红褐色，无白粉，**无毛或被较密的短毛，2～3年生枝淡黄褐色、褐黄色或灰褐色。
- **叶：**四棱状条形，在小枝上面前伸，下面及两侧之叶伸展，长1.2～2.2cm，宽1～1.5mm，先端急尖，横切面菱形；四面有气孔线，无明显白粉，上两面各有5～8条，下两面各有3～5条。
- **芽：**冬芽圆锥形，微有树脂；基部宿存芽鳞反曲。
- **果：**球果卵状圆柱形或长卵状圆柱形，长5～8（～15）cm，径2.5～3.5cm，熟前绿色，熟时绿黄褐或褐色；中部种鳞倒卵形，上部圆形或钝三角形，背面微有光泽，平滑，无明显条纹。
- **种子：**种子倒卵圆形，长约4mm；种翅淡褐色，倒卵状矩圆形，连翅长1.3～1.6cm。
- **花果期：**花期5月下旬至6月中旬，果期7月上旬至翌年10月上旬。

本区分布

生于清原森林站站区海拔560～1000m山坡的中下部和谷地。

主要特征照片

整株

干

枝

叶

芽

球果

雄球花

松属

Pinus

红松（果松）

Pinus koraiensis Sieb. et Zucc.

Korean pine, 잣나무, チョウセンゴヨウ,
Сосна корейская

　　红松分布于中国辽宁、吉林和黑龙江，日本、朝鲜、韩国和俄罗斯也有分布。是东北林区的主要造林树种之一。**是国家重点保护野生植物（二级）、中国珍稀濒危植物（二级）和国家珍贵树种（二级）。**喜光性、耐寒性强，喜微酸性土或中性土；属半喜光、浅根系树种，常生于排水良好的湿润山坡上，寿命较长。

主要特征

- **生活型：**常绿乔木（成树高达50m，胸径1m）。
- **树干（树皮）：**树冠圆锥形；树干上部常分叉；幼树树皮灰褐色，近平滑，大树树皮灰褐色或灰色，纵裂成不规则长方形的鳞状块片脱落，内皮红褐色。
- **枝：**枝近平展；1年生枝密被黄褐色或红褐色绒毛。
- **叶：针叶5针一束**，长6～12cm，粗硬且直，深绿色，边缘有细锯齿；**横切面近三角形，树脂道3**，中生；叶鞘脱落。
- **芽：**冬芽淡红褐色，长圆状卵圆形，微被树脂。
- **花：**雄球花椭圆状圆柱形，红黄色，长7～10mm，多数密集于新枝下部成穗状；雌球花绿褐色，圆柱状卵圆形，直立，单生或数个集生于新枝近顶端，具粗长的梗。
- **果：**球果圆锥状卵形、圆锥状长卵形或卵状长圆形，长9～14cm，径6～8cm，熟时种鳞不张开或微张开。

清原森林站松属树种分布示意图

- **种子：** 倒卵状三角形，长 1.2～1.6cm，微扁，暗紫褐色或褐色，无翅；种鳞菱形。
- **花果期：** 花期 6 月中下旬，果期 7 月上旬至翌年 10 月上旬。

📍 本区分布

　　生于清原森林站站区海拔 560～1100m，主要为人工植苗造林形成的人工林，多分布于山脚、交通便利的地方，在海拔 800m 以上有少量天然分布。

整株

🖼 主要特征照片

叶

芽

球果

雄球花

雌球花

干

枝

脂松（北美红松、挪威松、多脂松）

Pinus resinosa Aiton

Red pine, 진솔, レジネオサ松,
Жир сосн

脂松原产于北美洲东北部，是引进树种。是北美重要的造林树种之一；树形优美、木材质量高、纹理密，具有很高的生态、经济和社会价值。强喜光树种，对土壤养分、水分要求不高；生长迅速，很少有病虫害。

主要特征

- **生活型**：常绿针叶乔木（成树高达20～35m，胸径可达1m）。
- **树干（树皮）**：树干挺拔，**树皮薄层，红褐色**；树冠圆锥形。
- **枝**：小枝暗灰褐色。
- **叶**：针叶2针一束，蓝绿色，粗硬，长3～7cm，径1.5～2mm，先端尖，两面有气孔线，边缘有细锯齿；**横切面半圆形**，皮下层细胞单层，叶内树脂道边生。
- **花**：雌球花有短梗，向下弯垂。
- **果**：1年生小球果下垂；球果卵圆形或长卵圆形，熟时淡褐灰色，中部种鳞的鳞盾多呈斜方形，多角状肥厚隆起，向后反曲、纵脊、横脊显著。
- **种子**：种子长卵圆形或倒卵圆形。
- **花果期**：花期6月中下旬，果期7月上旬至翌年10月上旬。

本区分布

栽植于清原森林站站区。

主要特征照片

芽　枝　叶
干　球果　雄球花

整株

柏科
CUPRESSACEAE

球柏（球桧）

Sabina chinensis 'Globosa'

Chinese juniper, 향나무, イブキ,
Можжевельник китайский

　　球柏分布于中国内蒙古及辽宁以南，南达广东、广西北部，西南至四川西部、云南和贵州，西北至陕西和甘肃南部，朝鲜和日本也有分布。是理想的庭院园林树种，常栽植于花坛、园路、台坡及各建筑边缘或甬道两旁。喜光，常生于中性土、钙质土和微酸性土；深根性长命树种。

主要特征

- **生活型：**常绿灌木，丛生圆球形或扁球形。
- **树干（树皮）：**树皮深灰色，成条片开裂；树皮灰褐色。
- **枝：**小枝通常直或稍成弧状弯曲，**生鳞叶的小枝近圆柱形或近四棱形，纤细密生。**
- **叶：**叶二型，即刺叶及鳞叶，叶多为鳞叶；刺叶三叶交互轮生，斜展，疏松，披针形，先端渐尖，上面微凹，有两条白粉带。
- **花：**雌雄异株，稀同株，雄球花黄色，椭圆形，长2.5～3.5mm，雄蕊5～7枚，常有3～4个花药。
- **果：**球果近圆球形，径6～8mm，两年成熟，熟时暗褐色，被白粉或白粉脱落，有1～4粒种子。
- **种子：**种子卵圆形，有棱脊及少数树脂槽；子叶条形。
- **花果期：**花期6月中下旬，果期7月上旬至翌年8月中下旬。

清原森林站圆柏属树种分布示意图

本区分布

栽植于清原森林站站区海拔 560～600m
的路边。

主要特征照片

干　叶　枝　球果　整株

红豆杉科
TAXACEAE

红豆杉属 *Taxus*

东北红豆杉（紫杉、赤柏松）

***Taxus cuspidata* Sieb. et Zucc.**

Japanese yew, 주목, イチイ,
Тис остроконечный

　　东北红豆杉分布于中国东北老爷岭、张广才岭和长白山区，山东、江苏、江西、辽宁等地有栽培，日本、朝鲜和俄罗斯也有分布。**是国家重点保护野生植物（一级）、中国珍稀濒危植物（一级）和国家珍贵树种（二级）。**木材、枝叶、树根、树皮可入药，可作东北及华北地区的庭院树及造林树种。耐阴，浅根性树种，主根不明显，侧根发达；性喜凉爽湿润气候，抗寒性强，适于在疏松湿润排水良好的砂质壤土上生长，寿命较长。

◤ 主要特征

- **生活型：**常绿乔木（成树高达20m，胸径达1m）。
- **树干（树皮）：**树皮红褐色，有浅裂纹。
- **枝：**枝条平展或斜上直立，密生；**小枝基部常有宿存芽鳞；**1年生枝绿色，秋后呈淡红褐色，2～3年生枝呈红褐色或黄褐色。
- **叶：**叶较密，排成彼此重叠的不规则二列，斜展，约呈45°角，线形，直或微弯，长1～2.5cm，宽2.5～3mm，基部两侧微斜伸或近对称，先端通常凸尖，上面深绿色，有光泽，下面有两条灰绿色气孔带，中脉带明显，其上无角质乳头状突起点。
- **芽：**冬芽淡黄褐色，芽鳞先端渐尖，背面有纵脊。
- **花：**雄球花有雄蕊9～14枚，各具5～8个花药。

清原森林站红豆杉属树种分布示意图

- **种子**：种子生于红色肉质杯状的假种皮中，紫红色，有光泽，卵圆形，长约6mm，上部具3～4钝脊，顶端有小钝尖头；种脐通常三角形或四方形，稀矩圆形。
- **花果期**：花期5月中旬至6月上旬，种子9月上旬至10月中旬成熟。

📍 本区分布

生于清原森林站站区海拔800～1100m，极少分布。

🖼 主要特征照片

种子　　枝　　叶　　干

雄球花

整株

清原森林站
木本植物图谱

被子植物门

ANGIOSPERMAE

胡桃科
JUGLANDACEAE

胡桃属 *Juglans*

胡桃楸（核桃楸）

Juglans mandshurica Maxim.

Manchurian walnut, 가래나무, マンシュウグルミ,
Орех маньчжурский

　　胡桃楸分布于中国黑龙江、吉林、辽宁、河北和山西，朝鲜北部也有分布。是**国家珍贵树种（二级）**；果实可食用，是东北三大硬阔用材树种之一，也是东北地区极具观赏价值的乡土绿化树种。喜光，耐寒，不耐阴；适宜生于向阳、土层深厚、疏松肥沃、排水良好的沟谷。根系发达。

主要特征

- **生活型**：落叶乔木（成树高达25m）。
- **树干（树皮）**：树冠扁圆形；树皮灰色，具浅纵裂。
- **枝**：枝条扩展；幼枝被有短茸毛；髓心片格状。
- **叶**：奇数羽状复叶互生，长40～50cm，小叶15～23枚，**椭圆形、长椭圆形、卵状椭圆形或长椭圆状披针形，具细锯齿，上面初疏被短柔毛，后仅中脉被毛，深绿色，下面色淡，被贴伏的短柔毛及星芒状毛**，侧生小叶无柄，先端渐尖，基部平截或心形；叶痕呈"猴脸"形。
- **花**：雄柔荑花序长9～20cm，花序轴被短柔毛，雄蕊常12枚，药隔被灰黑色细柔毛；雌穗状花序具4～10花，花序轴被茸毛。
- **果**：果序长10～15cm，俯垂，具5～7果；果球形、卵圆形或椭圆状卵圆形，顶端尖，密被腺毛，长3.5～7.5cm；果核长2.5～5cm，具8条纵棱，2条较显著，棱间具不规则皱曲及凹穴，顶端具尖头。

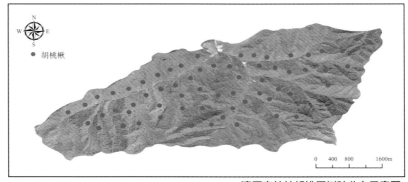

清原森林站胡桃属树种分布示意图

● **花果期：** 花期5月中下旬，果期6月上旬至9月上旬。

📍 本区分布

　　生于清原森林站站区海拔560～800m的阔叶林中。

🖼 主要特征照片

叶枝

叶面

叶背

花

芽

果

整株

干

枝

杨柳科
SALICACEAE

杨属 *Populus*

山杨（响杨）

Populus davidiana Dode

David poplar, 사시나무, チョウセンヤマナラシ,
Тополь Давида

　　山杨分布于中国东北、华北、西北、华中和西南高山地区。萌枝条可编筐，幼树可供观赏，可作为水土保持树种。强喜光树种，耐寒冷、耐干旱瘠薄土壤，在微酸性至中性土壤皆可生长，适于山腹以下排水良好肥沃土壤；天然更新能力强，根萌、分蘖能力强。

主要特征

- **生活型**：落叶乔木（成树高达25m，胸径约60cm）。
- **树干（树皮）**：树皮光滑灰绿色或灰白色，老树基部黑色粗糙；树冠圆形。
- **枝**：小枝圆筒形，光滑，赤褐色；萌枝被柔毛。
- **叶**：叶三角状卵圆形或近圆形，长宽近等，长3～6cm，先端钝尖、急尖或短渐尖，基部圆形、截形或浅心形，边缘有密波状浅齿，发叶时显红色，萌枝叶大，三角状卵圆形，下面被柔毛；叶柄侧扁，长2～6cm。
- **芽**：芽卵形或卵圆形，无毛，微有黏质。
- **花**：花序轴有疏毛或密毛；苞片棕褐色，掌状条裂，边缘有密长毛；雄花序长5～9cm，雄蕊5～12枚，花药紫红色；雌花序长4～7cm；子房圆锥形，柱头2深裂，带红色。
- **果**：果序长达12cm；蒴果卵状圆锥形，长约5mm，有短柄，2瓣裂。

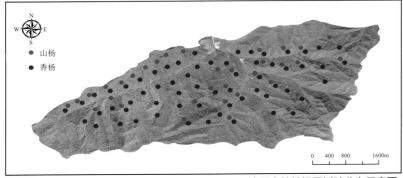

清原森林站杨属树种分布示意图

- **花果期:** 花期4月中上旬,果期4月下旬至5月中旬。

📍 **本区分布**

　　生于清原森林站站区海拔560～1000m的山坡、山脊和沟谷地带。

叶面

叶背

花

芽

整株

干

枝

香杨

Populus koreana Rehd.

Korean poplar, 물황철, チリメンドロ,
Тополь корейский

香杨分布于中国黑龙江、吉林和辽宁东部山区，朝鲜和俄罗斯东部也有分布。香味浓郁、材质优良，观赏性极高，是营造用材林及城乡绿化的优良树种之一。喜光，喜温凉气候，耐水湿。

主要特征

- **生活型：**落叶乔木（成树高达30m，胸径1.5m）。
- **树干（树皮）：**树冠广圆形；树皮幼时灰绿色，光滑，老时暗灰色，具深沟裂。
- **枝：**小枝圆柱形，粗壮，带黄红褐色，初时有黏性树脂，具香气，完全无毛。
- **叶：**短枝叶椭圆形、椭圆状长圆形、椭圆状披针形及倒卵状椭圆形，长9～12cm，先端钝尖，基部窄圆或宽楔形，具细的腺圆锯齿，上面暗绿色，有明显皱纹，下面带白色或稍粉红色；叶柄长1.5～3cm，近顶端有短毛；长枝叶窄卵状椭圆形、椭圆形或倒卵状披针形，长5～15cm，基部多楔形，叶柄长0.4～1cm。
- **芽：**芽大，长卵形或长圆锥形，先端渐尖，栗色或淡红褐色，富黏性，具香气。
- **花：**雄花序长3.5～5cm；苞片近圆形或肾形，雄蕊10～30枚，花药暗紫色；雌花序长3.5cm，无毛。
- **果：**蒴果绿色，卵圆形，无柄，无毛，（2）4瓣裂。
- **花果期：**花期4月下旬至5月上旬，果期5月中下旬至6月上旬。

本区分布

生于清原森林站站区海拔560～1000m的河岸、溪边谷地。

主要特征照片

整株

叶

叶背

花

芽

干

果

枝

柳属 *Salix*

杞柳

Salix integra Thunb.

Entire willow, 개키버들, イヌコリヤナギ,
Ива цельнолистная

　　杞柳分布于中国黑龙江、吉林、辽宁东部及东南部，朝鲜、日本和俄罗斯东部也有分布。枝条可编筐，可作为护岸树种。喜光树种。喜肥水，抗雨涝，在土层深厚的砂壤土和沟渠边坡地生长最好；主根少而深。

主要特征

- **生活型**：落叶灌木（高达1～3m）。
- **树干（树皮）**：树皮灰绿色。
- **枝**：小枝淡黄色或淡红色，无毛，有光泽。
- **叶**：叶近对生或对生，萌枝叶有时3叶轮生，椭圆状长圆形，长2～5cm，宽1～2cm，先端短渐尖，基部圆形或微凹，全缘或上部有尖齿，幼叶发红褐色，成叶上面暗绿色，下面苍白色，中脉褐色，两面无毛；叶柄短或近无柄而抱茎。
- **芽**：芽卵形，尖，黄褐色，无毛。
- **花**：花先叶开放，花序长1～2（2.5）cm，基部有小叶；苞片倒卵形，褐色至近黑色，被柔毛，稀无毛；腺体1枚，腹生；雄蕊2枚，花丝合生，无毛；子房长卵圆形，有柔毛，几无柄，花柱短，柱头小，2～4裂。
- **果**：蒴果长2～3mm，有毛。
- **花果期**：花期5月中下旬，果期6月中上旬。

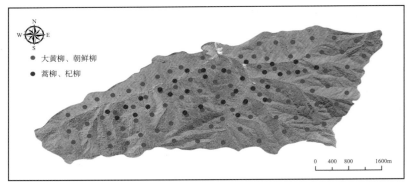

清原森林站柳属树种分布示意图

📍 本区分布

　　生于清原森林站站区海拔 560～700m
的山地河边、湿草地。

🖼 主要特征照片

叶

枝

花

果

整株

干

朝鲜柳

Salix koreensis Anderss.

Korean Willow, 버들나무, オオタチヤナギ,
Ива корейская

朝鲜柳分布于中国黑龙江、吉林、辽宁、山东、河北、陕西和甘肃，朝鲜、日本和俄罗斯也有分布。是早春蜜源植物，细枝可编筐，又是四旁绿化树种。耐干旱、水湿、寒冷；根系发达，抗风能力强，生长快，易繁殖。

主要特征

- **生活型**：落叶乔木（成树高达20m）。
- **树干（树皮）**：树皮暗灰色，较厚，纵裂。
- **枝**：1年生小枝有短柔毛或无毛，灰褐色或褐绿色。
- **叶**：叶披针形、卵状披针形或长圆状披针形，长6～9(13)cm，基部楔形或楔圆形，下面苍白色，**沿中脉有柔毛，有腺齿**；叶柄长0.6～1.3cm，初有柔毛，后近无毛，**托叶斜卵形或卵状披针形，先端有长尾尖，有锯齿**。
- **芽**：芽卵形，长2～5mm。
- **花**：**花序与叶同放，近无梗**；雄花序窄圆柱形，长1～3cm，径6～7mm，基部有3～5小叶，轴有毛；雄蕊2枚，离生，花丝有时基部合生，下部有长柔毛，花药红色；苞片卵状长圆形；腺体2枚，腹生和背生；雌花序椭圆形或短圆柱形，长1～2cm，基部有3～5小叶；子房无柄，有柔毛，花柱较长，柱头2～4裂，红色；苞片卵状长圆形或卵形；腺体2枚，腹生和背生，有时

背腺缺。
- **果**：果序长达2(2.5)cm。
- **花果期**：花期4月中下旬，果期4月下旬至5月中旬。

本区分布

生于清原森林站站区海拔560～700m的林缘或河边。

主要特征照片

整株

叶

枝

花

芽

干

果

大黄柳

Salix raddeana Laksch.

Radde willow, 떡버들, タンナヤナギ,
Ива Радде

　　大黄柳分布于中国黑龙江、吉林和辽宁，朝鲜和俄罗斯东部也有分布。是蜜源植物，是优良的观赏树种之一，细枝可编筐。极耐寒冷，很少有病虫害。

主要特征

- **生活型：** 落叶灌木或小乔木。
- **枝：枝暗红色或红褐色，嫩枝具灰色长柔毛，后无毛。**
- **叶：叶革质，** 倒卵状圆形、卵形、近圆形或椭圆形，长3.5～9（10）cm，宽3～4（6）cm，先端短渐尖或急尖，上面暗绿色，有明显的皱纹，下面具灰色绒毛，全缘或有不整齐的齿牙，生在萌枝或壮枝上的叶，边缘都有不整齐的齿牙；叶柄长1～1.5cm，有密毛。
- **芽：** 芽大，急尖，暗褐色，有毛或仅腹面有毛。
- **花：花先叶开放；** 雄花序多椭圆形，长约2.5cm，径1.6～2cm，无梗，轴有柔毛；雄蕊2枚，花丝比苞片长4～5倍，无毛或基部稍有疏柔毛；苞片卵状椭圆形，黑色，两面密被长柔毛；腺体1枚，腹生；雌花序长2～2.5cm，径0.8～1cm；果序长达8cm，径达2cm，有短柄，基部有1～3枚鳞片；子房长圆锥形，有灰色绢质柔毛，有长柄，长2～2.5mm，花柱长约1mm，柱头4（2）裂；苞片与腺体同雄花。

- **果：** 蒴果长达1cm。
- **花果期：** 花期4月中下旬，果期5月中上旬。

本区分布

　　生于清原森林站站区海拔560～1100m的混交林中或林缘。

主要特征照片

整株

花

叶

叶背

芽和枝

果

蒿柳（绢柳、清钢柳）

Salix schwerinii E. L. Wolf

Basket willow, 꽃버들, エゾノキヌヤナギ, Ива Шверина

蒿柳分布于黑龙江、吉林、辽宁、内蒙古和河北，朝鲜、日本、俄罗斯西伯利亚和欧洲也有分布。枝条可编筐，叶可饲蚕，可作护岸树种。喜光树种，耐水湿、寒冷；根系发达，生长快，易繁殖。

主要特征

- **生活型：** 落叶灌木或小乔木（成树高可达10m）。
- **树干（树皮）：** 树皮灰绿色。
- **枝：** 枝无毛或有极短的短柔毛；幼枝有灰短柔毛或无毛。
- **叶：** 叶线状披针形，长15～20cm，宽0.5～1.5（2）cm，最宽处在中部以下，先端渐尖或急尖，基部狭楔形，全缘或微波状，内卷，上面暗绿色，无毛或稍有短柔毛，下面有密丝状长毛，有银色光泽；叶柄长0.5～1.2cm，有丝状毛；托叶狭披针形，有时浅裂，或镰状，长渐尖，具有腺的齿缘，脱落性，较叶柄短。
- **芽：** 芽卵状长圆形，紧贴枝上，带黄色或微赤褐色，多有毛。
- **花：** 花序先叶开放或同时开放，无梗；雄花序长圆状卵形，长2～3cm，宽1.5cm；雄蕊2枚，花丝离生，罕有基部合生，无毛，花药金黄色，后为暗色；苞片长圆状卵形，钝头或急尖，浅褐色，先端黑色，两面有疏长毛或疏短柔毛；腺体1枚，腹生；雌花序圆柱形，长3～4cm；子房卵形或卵状圆锥形，无柄或近无柄，有密丝状毛，花柱长0.3～2mm，长约为子房的1/2，柱头2裂或近全缘；苞片同雄花；腺体1枚，腹生。
- **果：** 果序长达6cm。
- **花果期：** 花期4月下旬至5月上旬，果期5月中旬至6月上旬。

本区分布

生于清原森林站站区海拔560～700m的河边、溪边。

主要特征照片

干

叶

芽

花

果

整株

桦木科
BETULACEAE

栞木属 *Alnus*

辽东栞木 （水冬瓜）

Alnus hirsuta Turczaninow ex Ruprecht

Siberian alder, 물오리나무, ケヤマハンノキ,
Ольха волосистая

辽东栞木分布于中国黑龙江、吉林、辽宁和山东，朝鲜、日本和俄罗斯西伯利亚及远东地区也有分布。木材坚实，可作家具或农具，可作景观树种。喜光，幼时稍耐阴，适生于温凉湿润、土层深厚肥沃的立地环境，抗寒性强，不耐干旱瘠薄，也不耐积水涝洼，萌芽力强，生长快速。

主要特征

- **生活型：** 落叶乔木（成树高达20m）。
- **树干（树皮）：** 树皮灰褐色，光滑。
- **枝：** 枝条暗灰色，具棱，无毛；小枝褐色，密被灰色短柔毛，很少近无毛。
- **叶：** 叶近圆形，稀宽卵形，长4～9cm，先端圆，稀尖，基部圆形、宽楔形或微心形，上面疏被长柔毛，下面淡绿或灰白色，被褐色粗毛，稀近无毛，有时脉腋具髯毛，具波状缺刻，侧脉5～10对；叶柄长1.5～5.5cm，密被柔毛。
- **芽：** 芽具柄，具2枚疏被长柔毛的芽鳞。
- **花：** 雌花序2～8成总状，球形或长圆状球形，长1～2cm，序梗长2～3mm，直立。
- **果：** 果序2～8枚呈总状或圆锥状排列，近球形或矩圆形，长1～2cm；序梗极短，长2～3mm或几无梗；果苞木质，长

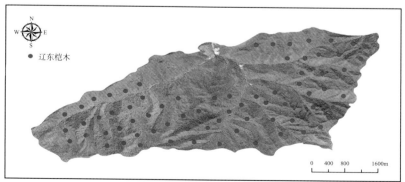

清原森林站栞木属树种分布示意图

3～4mm，顶端微圆，具5枚浅裂片。小坚果宽卵形，长约3mm；果翅厚纸质，极狭，宽及果的1/4。

- **花果期**：花期5月中下旬，果期8月中旬至9月上旬。

本区分布

生于清原森林站站区海拔700～1100m的山坡林中。

主要特征照片

叶

叶背

果

芽

干

枝

花

整株

坚桦（杵榆）

Betula chinensis Maxim.
Chinese birch, 개박달나무, トウカンバ,
Белёза китайская

　　坚桦分布于中国黑龙江、辽宁、河北、山西、山东、河南、陕西和甘肃，朝鲜也有分布。木质坚重，为北方较坚硬的木材之一；株形优美，可用于园林绿化。

主要特征

- **生活型**：落叶小乔木或灌木状（高 2～5m）。
- **树干（树皮）**：树皮黑灰色，纵裂或不开裂。
- **枝**：枝条灰褐色或灰色；小枝密被长柔毛。
- **叶**：叶厚纸质，卵形、宽卵形或卵状椭圆形，长 1.5～6cm，先端尖，**基部圆或宽楔形，上面深绿色，幼时被长柔毛，下面绿白色，被长柔毛，有时被树脂腺点**，具不规则重锯齿，侧脉 8～9 对；叶柄长 0.2～1cm，密被长柔毛。
- **花**：雌花序近球形，稀长圆形，长 1～2cm，序梗长 1～2mm；苞片长 5～9mm，被柔毛，裂片顶端外弯，中裂片披针形，侧裂片卵形，开展，长及中裂片的 1/3～1/2。
- **果**：果序单生，直立或下垂，通常近球形，长 1～2cm，直径 6～15mm；序梗几不明显，长 1～2mm；果苞长 5～9mm，背面疏被短柔毛，基部楔形，上部具 3 裂片，**裂片通常反折**，中裂片披针形至条状披针形，顶端尖，侧裂片卵形至披针形，斜展，通常长仅及中裂片的 1/3～1/2，较少与中裂片近等长。

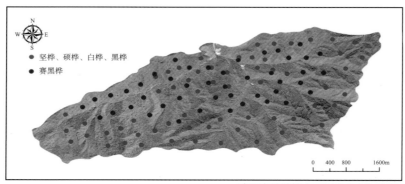

清原森林站桦木属树种分布示意图

小坚果宽倒卵形，长 2～3mm，宽
1.5～2.5mm，疏被短柔毛，具极狭
的翅。

- **花果期：** 花期4月下旬至5月中旬，果
期6月上旬至8月中下旬。

本区分布

生于清原森林站站区海拔560～1100m
的山坡、山脊、石山坡或混交林中。

主要特征照片

叶　叶背　枝　果　花　整株　干

硕桦（枫桦）

Betula costata **Trautv.**

Ribbed birch, 거제수나무, チョウセンミネバリ,
Береза ребристая

硕桦分布于中国黑龙江、吉林、辽宁和河北，俄罗斯也有分布。木材坚硬，用于制作家具及其他室内装修材料。喜疏松、肥沃而湿润的土壤，在瘠薄之地生长不良。

主要特征

- **生活型：落叶**乔木（成树高达30m）。
- **树干（树皮）：**树皮黄褐色或暗褐色，层片状剥裂。
- **枝：**枝条红褐色，无毛；小枝褐色，密生黄色树脂状腺体，多少有毛。
- **叶：**叶厚纸质，卵形或卵状椭圆形，长3.5～7cm，先端渐尖或尾尖，**基部圆或近心形，上面无毛，下面密被树脂腺点及长柔毛，具不规则细尖重锯齿**，侧脉9～16对；叶柄长0.8～2cm。
- **花：**雌花序单生，长圆形，长1.5～2.5cm，径约1cm，序梗长2～5mm，疏被长柔毛及树脂腺体；苞片长5～8mm，无毛，中裂片长圆状披针形，侧裂片长圆形，开展，长及中裂片的1/3。
- **果：**果序单生，直立或下垂，矩圆形，长1.5～2cm，直径约1cm；序梗长2～5mm，疏被短柔毛及树脂腺体；果苞长5～8mm，除边缘具纤毛外，其余无毛，中裂片长矩圆形，顶端钝，侧裂片矩圆形或近圆形，顶端圆，微开展或近直立，长仅及中裂片的1/3。小坚果倒卵形，长约2.5mm，无毛，膜质翅宽仅为果的1/2。
- **花果期：**花期4月下旬至5月中旬，果期8月上旬至9月下旬。

本区分布

生于清原森林站站区海拔560～1100m的混交林中。

主要特征照片

干

叶

花

果

枝

整株

黑桦（臭桦、棘皮桦）

Betula dahurica Pall.

Dahurian birch, 물박달나무, クロカンバ,
Береза даурская

黑桦分布于中国黑龙江、吉林东部、辽宁东部、河北、山西和内蒙古，俄罗斯、朝鲜、日本和蒙古东部也有分布。可作车轴、车辕、胶合板、家具、枕木及建筑用材；树皮可入药。喜光树种，喜土层较厚的阳坡。

主要特征

- **生活型**：落叶乔木（高6～20m）。
- **树干（树皮）**：幼树树干光滑；成树树皮黑褐色，龟裂。
- **枝**：枝条红褐色或暗褐色，光亮，无毛；小枝红褐色，疏被长柔毛，密生树脂腺体。
- **叶**：叶厚纸质，通常为长卵形，间有宽卵形、卵形、菱状卵形或椭圆形，长4～8cm，宽3.5～5cm，顶端锐尖或渐尖，基部近圆形、宽楔形或楔形，边缘具不规则的锐尖重锯齿，上面无毛，下面密生腺点，沿脉疏被长柔毛，脉腋间具簇生的髯毛，侧脉6～8对；叶柄长5～15mm，疏被长柔毛或近无毛。
- **花**：雌花序近球形，稀长圆形，长1～2cm，序梗长1～2mm；苞片长5～9mm，被柔毛，裂片顶端外弯，中裂片披针形，侧裂片卵形，开展，长及中裂片的1/3～1/2。
- **果**：果序矩圆状圆柱形，单生，直立或微下垂，长2～2.5cm，直径约1cm；序梗长5～12mm，疏被长柔毛或几无毛，有时具树脂腺体；果苞长5～6mm，背面无毛，边缘具纤毛，基部宽楔形，上部三裂，中裂片矩圆形或披针形，顶端钝，侧裂片卵形或宽卵形，斜展，横展至下弯，比中裂片宽，与之等长或稍短。小坚果宽椭圆形，两面无毛，膜质翅宽约为果的1/2。
- **花果期**：花期4月下旬至5月上旬，果期7月下旬至8月中旬。

本区分布

生于清原森林站站区海拔560～1100m土层较厚的阳坡、山顶石岩上、针叶林或混交林中。

主要特征照片

果

叶

花

枝

整株

干

白桦（粉桦）

Betula platyphylla Suk.

Asian white birch, 자작나무, シラカンバ,
Береза плосколистная

白桦分布于黑龙江、吉林、辽宁、河南、陕西、宁夏、甘肃、青海、四川、云南和西藏东南部，俄罗斯远东地区及东西伯利亚、蒙古东部、朝鲜北部和日本也有分布。可入药；冠形优美，有观赏价值。为次生林的先锋树种，喜光，不耐阴，耐严寒；深根性、耐瘠薄，天然更新良好，生长较快，萌芽强，寿命较短。

主要特征

- **生活型**：落叶乔木（高可达27m）。
- **树干（树皮）**：树皮灰白色，成层剥裂。
- **枝**：枝条暗灰色或暗褐色，无毛，具或疏或密的树脂腺体或无；小枝暗灰色或褐色，无毛亦无树脂腺体，有时疏被毛和疏生树脂腺体。
- **叶**：叶厚纸质、三角状卵形、三角状菱形、三角形，少有菱状卵形和宽卵形，长3~9cm，宽2~7.5cm，顶端锐尖、渐尖至尾状渐尖，基部截形、宽楔形或楔形，有时微心形或近圆形，边缘具重锯齿，有时具缺刻状重锯齿或单齿，上面于幼时疏被毛和腺点，成熟后无毛无腺点，下面无毛，密生腺点，侧脉5~7（~8）对；叶柄细瘦，长1~2.5cm，无毛。
- **花**：花序单生，圆柱形或矩圆状圆柱形，通常下垂，长2~5cm，直径6~14mm；序梗细瘦，长1~2.5cm，

密被短柔毛，成熟后近无毛；果苞长5~7mm，背面密被短柔毛至成熟时毛渐脱落，边缘具短纤毛，基部楔形或宽楔形，中裂片三角状卵形，顶端渐尖或钝，侧裂片卵形或近圆形，直立、斜展至向下弯，如为直立或斜展时则较中裂片稍宽且微短，如为横展至下弯时则长及宽均大于中裂片。
- **果**：小坚果狭矩圆形、矩圆形或卵形，长1.5~3mm，宽1~1.5mm，背面疏被短柔毛，膜质翅较果长1/3，较少与之等长，与果等宽或较果稍宽。
- **花果期**：花期5月上旬至中旬，果期6月上旬至10月上旬。

本区分布

生于清原森林站站区海拔560~1000m的混交林中。

主要特征照片

果

叶

叶背

花

整株

枝

干

赛黑桦（辽东桦）

***Betula schmidtii* Regel**

Schmidt birch, 박달나무, オノオレカンバ,
Береза Шмидта

赛黑桦分布于中国吉林东部及东南部和辽宁东北部，日本、朝鲜和俄罗斯也有分布。木材可制器具、建筑等用。

主要特征

- **生活型：落叶乔木**（成树高达35m，胸径90cm）。
- **树干（树皮）：**树皮黑色或黑褐色，成不规则的块状剥裂。
- **枝：**枝条黑褐色，无毛，**小枝紫褐色，密被灰色短柔毛，**多少具树脂腺体。
- **叶：**叶厚纸质，卵形或宽椭圆形，很少椭圆形，长4~8cm，宽2.5~4.5cm，顶端锐尖或短尾状，基部圆形，边缘具不规则、细而密的重锯齿或单齿，上面绿色，光亮，无毛，下面淡绿色，密被腺点，沿脉疏被长柔毛，侧脉8~10对；叶柄长5~10mm，幼时密被灰色长柔毛，成熟时稍有毛。
- **花：**雌花序直立，长圆状圆柱形，长2~3cm，序梗长3~6mm，疏被柔毛；苞片无毛，中裂片披针形，侧裂片卵状披针形，长及中裂片的1/2。
- **果：**果序单生，直立，短圆柱形，长2~3cm，直径约8mm；序梗粗壮，长3~6mm，被或疏或密的短柔毛；果苞长4~5mm，无毛，中裂片披针形，侧裂片三角状披针形或披针形，长及中裂片的1/2。小坚果卵形，长约2mm，宽1~1.5mm，两面均疏被短柔毛，具

极狭之翅。
- **花果期：**花期4月下旬至5月中旬，果期8月上旬至9月下旬。

本区分布

生于清原森林站站区海拔560~750m的山地。

主要特征照片

叶

花

果

整株

枝

鹅耳枥属 *Carpinus*

千金榆（千金鹅耳枥）

Carpinus cordata Bl.
Heart-leafed hornbeam, 까치박달, サワシバ,
Граб сердцелистный

　　千金榆分布于中国黑龙江、吉林、辽宁、河南、陕西和甘肃，朝鲜和日本也有分布。冠形优美，有观赏价值。喜光、耐旱、耐热。对土壤 pH 无特别要求，最喜排水好的湿润土壤。

主要特征

- **生活型：**落叶乔木（高达18m）。
- **树干（树皮）：**树皮灰色。
- **枝：**小枝棕色或橘黄色，具沟槽，初时疏被长柔毛，后变无毛。
- **叶：**叶厚纸质，卵形、卵状长圆形或倒卵状长圆形，长8～15cm，先端渐尖或尾尖，基部心形，下具不规则刺毛状重锯齿，面沿脉疏被长柔毛，侧脉15～20对；叶柄长1.5～2cm，幼时疏被长柔毛。
- **花：**雌花序长5～15cm；苞片宽卵状长圆形，长1.5～2.5cm，基部具髯毛，外缘内折，疏生锯齿，内缘上部疏生锯齿。
- **果：**小坚果长圆形，长4～6mm，无毛，纵肋不明显；苞片内侧基部内折裂片包果。
- **花果期：**花期5月中旬至6月中旬，果期7月上旬至8月下旬。

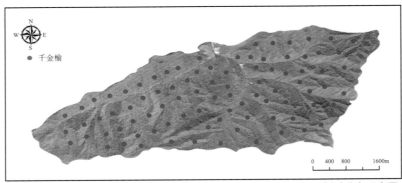

清原森林站鹅耳枥属树种分布示意图

◉ 本区分布

　　生于清原森林站站区海拔560～1100m
的混交林中。

◙ 主要特征照片

叶

叶背

果

花

枝

整株

干

榛属
Corylus

毛榛（毛榛子）

Corylus mandshurica Maxim.

Manchurian hazel, 물개암나무, オオツノハシバミ,
Орешник маньчжурский

　　毛榛分布于中国黑龙江、吉林、辽宁、河北、山西、山东、陕西和甘肃，朝鲜、俄罗斯远东地区和日本也有分布。种子可食用，可入药。喜光、耐寒、耐旱，喜肥沃的中性及微酸性土壤。

主要特征

- **生活型：** 落叶灌木（高 3 ～4m）。
- **树干（树皮）：** 树皮暗灰色或灰褐色。
- **枝：** 枝条灰褐色，无毛；小枝黄褐色，被长柔毛，下部的毛较密。
- **叶：** 叶宽卵形、矩圆形或倒卵状矩圆形，长 6 ～12cm，宽 4 ～9cm，顶端骤尖或尾状，基部心形，边缘具不规则的粗锯齿，中部以上具浅裂或缺刻，上面疏被毛或几无毛，下面疏被短柔毛，沿脉的毛较密，侧脉约 7 对；叶柄细瘦，长 1 ～3cm，疏被长柔毛及短柔毛。
- **花：** 雄花序 2 ～4 枚排成总状；苞鳞密被白色短柔毛。
- **果：** 果单生或 2 ～6 枚簇生，长 3 ～6cm；果苞管状，在坚果上部缢缩，较果长 2 ～3 倍，外面密被黄色刚毛兼有白色短柔毛，上部浅裂，裂片披针形；序梗粗壮，长 1.5 ～2cm，密被黄色短柔毛；坚果几球形，长约 1.5cm，顶端具小突尖，外面密被白色绒毛。

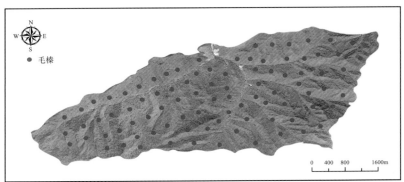

清原森林站榛属树种分布示意图

● **花果期：** 花期5月中旬至6月上旬，果期8月中旬至9月上旬。

🔘 **本区分布**

　　生于清原森林站站区海拔560～1100m的山坡灌丛中或混交林下。

🖼 **主要特征照片**

叶背

花

干　叶

果

整株

壳斗科
FAGACEAE

栎属 *Quercus*

蒙古栎（柞树）

Quercus mongolica Fisch. ex Ledeb.

Mongolian oak, 산갈나무, モンゴリナラ,
Дуб монгольский

　　蒙古栎分布于中国黑龙江、吉林、辽宁、内蒙古、河北、山东等地，俄罗斯、日本和朝鲜半岛也有分布。**是国家珍贵树种（二级）**，是营造防风林、水源涵养林及防火林的优良树种；可作园景树或行道树，具有较高的观赏价值。喜温暖湿润气候，也能耐一定寒冷和干旱；对土壤要求不严，酸性、中性或石灰岩的碱性土壤上都能生长，耐瘠薄，不耐水湿；根系发达，有很强的萌蘖性。

主要特征

- **生活型：**落叶乔木（成树高达30m）。
- **树干（树皮）：**树皮灰褐色，纵裂。
- **枝：**幼枝紫褐色，有棱，无毛。
- **叶：**叶片倒卵形至长倒卵形，长7～19cm，顶端短钝尖或短突尖，基部窄圆形或耳形，叶缘7～10对钝齿或粗齿，侧脉每边7～11条；叶柄无毛。
- **芽：**顶芽长卵形，微有棱，芽鳞紫褐色，有缘毛。
- **花：**雄花序生于新枝下部，长5～7cm，花序轴近无毛；花被6～8裂，雄蕊8～10枚；雌花序生于新枝上端叶腋，长约1cm，有花4～5朵，通常只1～2朵发育，花被6裂，花柱短，柱头3裂。

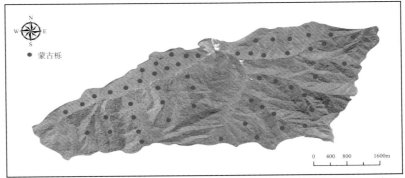

清原森林站栎属树种分布示意图

- **果**：壳斗杯形，包着坚果的 1/3～1/2，壳斗外壁小苞片三角状卵形，呈半球形瘤状突起，密被灰白色短绒毛，伸出口部边缘呈流苏状；**坚果卵形至长卵形，无毛，果脐微突起**。
- **花果期**：花期 4 月中旬至 5 月上旬，果期 7 月上旬至 9 月中下旬。

本区分布

生于清原森林站站区海拔 560～1100m 的低山顶部和山脊以及坡度小的各个坡向上，常在阳坡、半阳坡形成小片纯林或与其他阔叶树组成混交林。

主要特征照片

叶背

叶

花

果

芽

整株

枝

干

榆科
ULMACEAE

榆属 *Ulmus*

春榆

Ulmus davidiana var. _japonica_ (Rehd.) Nakai

Japanese elm, 느릅나무, ハルニレ,
Веселью

　　春榆分布于中国黑龙江、吉林、辽宁、内蒙古、河北、山东、浙江、山西、安徽、河南、湖北、陕西、甘肃和青海，朝鲜、俄罗斯和日本也有分布。可作家具、器具，枝条可编筐，可作造林树种。适应性强，抗碱性较强；喜光，耐寒，耐干旱；深根性，萌蘖力强。

主要特征

- **生活型：** 落叶乔木或灌木状（成树高达15m，胸径达30cm）。
- **树干（树皮）：树皮色较深**，纵裂成不规则条状。
- **枝：** 幼枝被或密或疏的柔毛，当年生枝无毛或多少被毛，小枝有时（通常萌发枝及幼树的小枝）具向四周膨大而不规则纵裂的木栓层。
- **叶：** 叶倒卵形或倒卵状椭圆形，稀卵形或椭圆形。
- **花：花在去年生枝上排成簇状聚伞花序。**
- **果：** 翅果倒卵形或近倒卵形，**翅果无毛**，位于翅果中上部或上部，上端接近缺口；果梗被毛，长约2mm。
- **花果期：** 花期4月中下旬，果期5月中上旬。

本区分布

　　生于清原森林站站区海拔560～1000m的河岸、溪旁、沟谷、山麓及排水良好的冲积地和山坡。

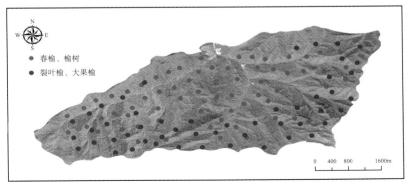

清原森林站榆属树种分布示意图

🖼 主要特征照片

叶

叶背

果

枝

干

整株

裂叶榆 （大叶榆、粘榆）

Ulmus laciniata (Trautv.) Mayr

Manchurian elm, 난티나무, オヒョウ,
Вяз разрезной

裂叶榆分布于中国黑龙江、吉林、辽宁、内蒙古、河北、陕西、山西和河南，朝鲜、俄罗斯和日本也有分布。可作家具、器具，可用作道路绿化、庭院观赏等。生长较快，适应性强，耐盐碱，耐寒，喜光，稍耐阴，较耐干旱瘠薄。

主要特征

- **生活型：** 落叶乔木（成树高达27m，胸径50cm）。
- **树干（树皮）：** 树形高大，树冠丰满；树皮淡灰褐色或灰色，浅纵裂，裂片较短，常翘起，表面常呈薄片状剥落。
- **枝：** 1年生枝幼时被毛，后变无毛或近无毛，2年生枝淡褐灰色、淡灰褐色或淡红褐色；小枝无木栓翅。
- **叶：** 叶倒卵形、倒三角状、倒三角状椭圆形或倒卵状长圆形，长7~18cm，宽4~14cm，先端常3~7裂，裂片三角形，渐尖或尾尖，不裂之叶先端常尾尖，基部偏斜，楔形、微圆、半心形或耳状，重锯齿较深，上面密被硬毛，下面被柔毛，沿叶脉较密，脉腋常具簇生毛；侧脉10~17对；叶柄长2~5mm，密被短毛。
- **芽：** 冬芽卵圆形或椭圆形，内部芽鳞毛较明显。
- **花：** 花在去年生枝上排成簇状聚伞花序。

- **果：** 翅果椭圆形或长圆状椭圆形，长1.5~2cm，顶端凹缺柱头面被毛，余无毛；果核位于翅果中部或稍下；果柄常较花被短，无毛。
- **花果期：** 花期4月下旬，果期5月中上旬至6月中旬。

本区分布

生于清原森林站站区海拔700~1100m的山坡、谷地、溪边。

主要特征照片

叶

叶背

果

枝

整株

芽

大果榆（芜荑、进榆、黄榆、柳榆）

Ulmus macrocarpa Hance

Big-fruited elm, 왕느릅, チョウセンニレ,
Ильм крупноплодный

大果榆分布于中国黑龙江、吉林、辽宁、内蒙古、河北、河南、山西、陕西、山东、甘肃、江苏北部、安徽北部和青海东部，朝鲜和俄罗斯中部也有分布。可供车辆、农具、家具、器具等用材，是优良的用材树种。喜光树种，耐干旱，能适应碱性、中性及微酸性土壤；根系发达，侧根萌芽性强。

主要特征

- **生活型**：落叶乔木或灌木（成树高达20m，胸径可达40cm）。
- **树干（树皮）**：树皮暗灰或灰黑色，纵裂，粗糙。
- **枝**：小枝有时（尤以萌芽枝及幼树小枝）两侧具对生扁平木栓翅；间或上下亦有微凸起的木栓翅，稀在较老的小枝上有4条几等宽而扁平的木栓翅；幼枝有疏毛，1～2年生枝淡褐黄色或淡黄褐色，稀淡红褐色，无毛或1年生枝有疏毛，具散生皮孔。
- **叶**：叶厚革质，宽倒卵形、倒卵状圆形、倒卵状菱形或倒卵形，稀椭圆形，长（3～）5～9（～14）cm，先端短尾状，基部渐窄或圆，稍心形或一边楔形，两面粗糙，上面密被硬毛或具毛迹，下面常疏被毛，脉上较密，脉腋常具簇生毛，侧脉6～16对，具大而浅钝重锯齿，或兼具单锯齿；叶柄长0.2～1cm。
- **芽**：冬芽卵圆形或近球形，芽鳞背面多少被短毛或无毛，边缘有毛。
- **花**：花自花芽或混合芽抽出，在去年生枝上成簇状聚伞花序或散生于新枝基部。
- **果**：翅果宽倒卵状圆形、近圆形或宽椭圆形，长（1.5～）2.5～3.5（～4.7）cm，果核位于翅果中部；果柄长2～4mm，被毛。
- **花果期**：花期4月中下旬，果期5月中上旬至6月上旬。

本区分布

生于清原森林站站区海拔700～1100m的山坡、谷地及岩缝中。

主要特征照片

干

叶

叶背

果

枝

花

芽

整株

榆树（白榆、家榆）

Ulmus pumila L.

Siberian elm, 비슬나무, ノニレ,
Вяз приземистый, Вяз мелколистный

　　榆树分布于中国东北、华北、西北及西南各地，朝鲜、俄罗斯和蒙古也有分布。是荒山造林或四旁绿化树种，树皮、叶及翅果均可入药；可供家具、车辆、农具、器具、桥梁、建筑等用。生长快，根系发达，适应性强，能耐干冷气候及中度盐碱，但不耐水湿（能耐雨季水涝）。

主要特征

- **生活型**：落叶乔木（成树高达25m，胸径1m）。
- **树干（树皮）**：幼树树皮平滑，灰褐色或浅灰色；大树之皮暗灰色，不规则深纵裂，粗糙。
- **枝**：小枝无毛或有毛，淡黄灰色、淡褐灰色或灰色，稀淡褐黄色或黄色，有散生皮孔，无膨大的木栓层及凸起的木栓翅。
- **叶**：叶椭圆状卵形、长卵形、椭圆状披针形或卵状披针形，长2～8cm，宽1.2～3.5cm，先端渐尖或长渐尖，基部偏斜或近对称，一侧楔形至圆，另一侧圆形至半心脏形，叶面平滑无毛，叶背幼时有短柔毛，后变无毛或部分脉腋有簇生毛，边缘具重锯齿或单锯齿，侧脉每边9～16条；叶柄长4～10mm，通常仅上面有短柔毛。
- **芽**：冬芽近球形或卵圆形，芽鳞背面无毛，内层芽鳞的边缘具白色长柔毛。

- **花**：花先叶开放，在去年生枝的叶腋成簇生状。
- **果**：翅果近圆形，稀倒卵状圆形，长1.2～2cm，仅顶端缺口柱头面被毛，余无毛；**果核位于翅果中部，其色与果翅相同**；宿存花被无毛，4浅裂，具缘毛；果柄长1～2mm。
- **花果期**：花期4月下旬，果期5月中上旬。

本区分布

　　生于清原森林站站区海拔560～1000m土壤深厚、肥沃、排水良好的冲积土上。

主要特征照片

枝

干

叶

叶背

芽

花

整株

果

五味子科
SCHISANDRACEAE

五味子属 *Schisandra*

五味子（北五味子）

Schisandra chinensis (Turcz.) Baill.

Chinese magnolia-vine, 오미자, チョウセンゴミシ,
Лимонник китайский

　　五味子分布于中国黑龙江、吉林、辽宁、内蒙古、河北、山西、宁夏、甘肃和山东，朝鲜和日本也有分布。果实可入药，药用价值极高。喜微酸性腐殖土，生长在林区的杂木林中、林缘或山沟的灌木丛中，缠绕在其他林木上生长，耐旱性较差。

主要特征

- **生活型**：落叶藤本。
- **枝**：幼枝红褐色，老枝灰褐色，常起皱纹，片状剥落。
- **叶**：叶膜质，宽椭圆形、卵形、倒卵形、宽倒卵形或近圆形，长（3）5～10（14）cm，宽（2）3～5（9）cm，先端急尖，基部楔形，上部边缘具胼胝质的疏浅锯齿，近基部全缘；侧脉每边3～7条，网脉纤细不明显；叶柄长1～4cm，两侧由于叶基下延成极狭的翅。
- **花**：花被片粉白色或粉红色，6～9片，长圆形或椭圆状长圆形，长0.6～1.1cm；雄花花梗长0.5～2.5cm，雄蕊5（6），长约2mm，离生，直立排列，花托长约0.5mm，无花丝或外3枚花丝极短；雌花花梗长1.7～3.8cm，雌蕊群近卵圆形，长2～4mm，单雌蕊17～40枚，子房卵圆形或卵状椭圆体形，柱头鸡冠状，下端下延成1～3mm的附属体。

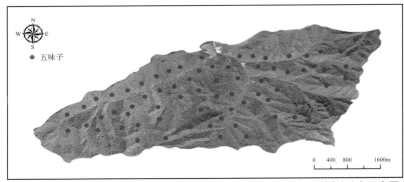

清原森林站五味子属树种分布示意图

- **果：** 聚合果长1.5～8.5cm，聚合果柄长1.5～6.5cm；**小浆果红色，近球形或倒卵圆形**，径6～8mm，果皮具不明显腺点。
- **种子：** 1～2粒，肾形，长4～5mm，宽2.5～3mm，淡褐色；种皮光滑；种脐明显凹入呈U形。
- **花果期：** 花期5下旬至7月上旬，果期8月上旬至10月上旬。

📍 本区分布

生于清原森林站站区海拔560～1100m的沟谷、溪旁、山坡。

🖼 主要特征照片

茎

叶

花

整株

果

马兜铃科
ARISTOLOCHIACEAE

木通马兜铃 （关木通、东北木通）

Aristolochia manshuriensis Kom.

Manchurian dutchman's-pipe, 등칡, キダチウマノスズクサ,
Кирказон маньчжурский

马兜铃属
Aristolochia

　　木通马兜铃分布于中国黑龙江、吉林、辽宁和山西，俄罗斯和朝鲜北部也有分布。**是中国珍稀濒危植物（二级）。**可入药，中药材名称为木通。喜凉爽气候，耐严寒，喜疏阴、微潮偏干的土壤环境。

⊲ 主要特征

- **生活型：**落叶藤本（长度达10余米）。
- **枝：**嫩枝深紫色，密生白色长柔毛；茎皮灰色，老茎基部直径2～8cm，表面散生淡褐色长圆形皮孔，**具纵皱纹或老茎具增厚又呈长条状纵裂的木栓层。**
- **叶：**革质，心形或卵状心形，长15～29cm，宽13～28cm，顶端钝圆或短尖，基部心形至深心形，弯缺深1～4.5cm，全缘，嫩叶上面疏生白色长柔毛，以后毛渐脱落，下面密被白色长柔毛，亦渐脱落而变稀疏；基出脉5～7条，侧脉每边2～3条，第三级小脉近横出，彼此平行而明显；叶柄长6～8cm，略扁。
- **花：**花朵1（～2）腋生；花梗长1.5～3cm；小苞片卵状心形或心形，长约1cm，绿色，近无柄；花被筒中部马蹄形弯曲，下部管状，长5～7cm，径1.5～2.5cm，檐部盘状，径4～6cm，上面暗紫色，疏被黑色乳点，3裂；喉部圆形，径0.5～1cm，具领状环；花药长圆形，合蕊柱3裂。

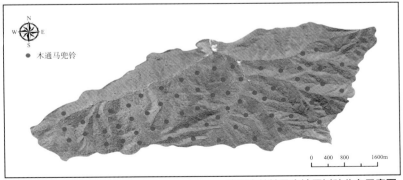

清原森林站马兜铃属树种分布示意图

- **果：** 蒴果长圆柱形，暗褐色，有6棱，长9～11cm，直径3～4cm，成熟时6瓣开裂。
- **种子：** 三角状心形，长6～7mm，灰褐色，背面平凸，被疣点。
- **花果期：** 花期6中旬月至7月上旬，果期8月上旬至9月下旬。

📍 **本区分布**

　　生于清原森林站站区海拔560～1100m的阔叶林和针阔混交林中。

🖼 **主要特征照片**

叶

花

果

整株

茎

猕猴桃科
ACTINIDIACEAE

软枣猕猴桃（软枣子）

***Actinidia arguta* (Siebold et Zucc.) Planch. ex Miq.**

Bower actinidia tara vine, 다래나무, サルナシ, Актинидия острая

　　软枣猕猴桃分布广阔，从中国最北的黑龙江岸至南方广西境内的五岭山地都有分布，朝鲜、日本和俄罗斯也有分布。**是国家重点保护野生植物（二级）和中国珍稀濒危植物（二级）。**果实可药用可食用，花为蜜源；既可作观赏树种，又可作果树。喜凉爽、湿润的气候，多攀缘在阔叶树上，枝蔓多集中分布于树冠上部。

🔺 主要特征

- **生活型：**大型落叶藤本。
- **枝：**幼枝疏被毛，后脱落，皮孔不明显，**髓心片层状，白至淡褐色。**
- **叶：**膜质，宽椭圆形或宽倒卵形，长8～12cm，**先端骤短尖，基部圆或心形，常偏斜，具锐锯齿**，腹面深绿色，无毛，背面绿色，下面脉腋具白色髯毛，叶脉不明显；叶柄长2～8cm。
- **花：**花序腋生或腋外生，苞片线形，花绿白色或黄绿色，芳香，萼片卵圆形至长圆形，花瓣楔状倒卵形或瓢状倒阔卵形；花丝丝状，花药黑色或暗紫色，长圆形箭头状。
- **果：**果柄长1.5～2.2cm；果黄绿色，球形、椭圆形或长圆形，长2～3cm，径约1.8cm，具钝喙及宿存花柱，无毛，无斑点，基部无宿萼。

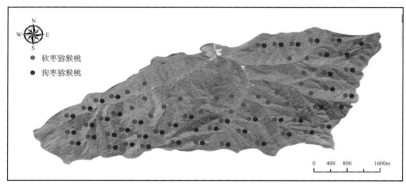

清原森林站猕猴桃属树种分布示意图

- **花果期：**花期7月上旬，果期7月中旬至10月上旬。

本区分布

生于清原森林站站区海拔700～1100m的混交林中。

叶背

叶

花

茎

整株

果

狗枣猕猴桃（狗枣子）

Actinidia kolomikta (Maxim. et Rupr.) Maxim.

Kolomikta-vined actinidia, 쥐다래나무, ミヤママタタビ,
Актинидия коломикта

狗枣猕猴桃分布于中国黑龙江、吉林、辽宁、河北、四川、云南等地，朝鲜、日本和俄罗斯远东有分布。**是中国珍稀濒危植物（二级）**。果实可食、酿酒及入药，树皮可纺绳及织麻布。喜生于土壤腐殖质肥沃的半阴半阳坡；大多缠绕在阔叶树和灌木上，枝蔓大多集中分布在树冠的上部。

主要特征

- **生活型**：大型落叶藤本。
- **枝**：小枝紫褐色，直径约3mm；短花枝基本无毛，有较显著的带黄色皮孔；长花枝幼嫩时顶部薄被短茸毛，有不甚显著的皮孔，隔年枝褐色，直径约5mm，有光泽，皮孔相当显著，稍凸起；髓褐色，片层状。
- **叶**：膜质或薄纸质，阔卵形、长方卵形至长方倒卵形，边缘有锯齿，两面近同色，上部往往变为白色，后渐变为紫红色，腹面散生软弱的小刺毛，叶脉不发达，近扁平状；叶柄初时略被少量尘埃状柔毛，后落净。
- **花**：聚伞花序，雄花3朵，雌花1朵，通常单生，花序柄和花柄纤弱，苞片钻形，花白色或粉红色，芳香，萼片长方卵形，两面被有极微弱的短绒毛，边缘有睫状毛，花瓣长方倒卵形；花丝丝状，花药黄色，长方箭头状，子房圆柱状。
- **果**：果柱状长圆形、卵形或球形，果皮洁净无毛，无斑点，未熟时暗绿色，成熟时淡橘红色，并有深色的纵纹；果熟时花萼脱落。
- **花果期**：花期7月上旬，果期7月中旬至10月上旬。

本区分布

生于清原森林站站区海拔800～1100m的混交林或开旷地。

主要特征照片

叶

枝

花

果

整株

虎耳草科
SAXIFRAGACEAE

溲疏属
Deutzia

光萼溲疏（无毛溲疏）

Deutzia glabrata Kom.

Glabrous deutzia, 물참대, チョウセンウツギ,
Дейция гладкая

光萼溲疏分布于中国黑龙江、吉林、辽宁、山东和河南，朝鲜和俄罗斯西伯利亚东部也有分布。是中国北方地区很好的园林绿化树种。适应性强，耐干旱、耐瘠薄。

主要特征

- **生活型：** 落叶灌木（成树高约3m）。
- **枝：** 老枝灰褐色，表皮常脱落；花枝长6～8cm，常具4～6叶，红褐色，无毛。
- **叶：** 叶薄纸质，卵形或卵状披针形，长5～10cm，宽2～4cm，先端渐尖，基部宽楔形或近圆，具细锯齿；叶柄长2～4mm或花枝叶近无柄。
- **花：** 伞房花序径3～8cm，有5～20（～30）花；花蕾球形，花冠径1～1.2cm；花梗长1～1.5mm；萼筒杯状，长约2.5mm，径约3mm，裂片卵状三角形，长约1mm；花瓣白色，圆形或宽倒卵形，长约6mm，覆瓦状排列；雄蕊长4～5mm，花丝钻形。
- **果：** 蒴果球形，径4～5mm，无毛。
- **花果期：** 花期6月下旬至7月上旬，果期8月中旬至9月上旬。

本区分布

生于清原森林站站区海拔560～600m的山地石隙间或山坡林下。

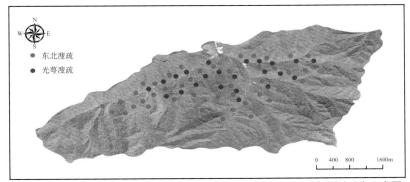

清原森林站溲疏属树种分布示意图

主要特征照片

叶

叶背

果

整株

花

干

东北溲疏

Deutzia parviflora var. *amurensis* Regel

Amur deutzia, 말발도리, ウスゲトウウツギ,
Дейция мелкоцветковая

东北溲疏分布于中国黑龙江、吉林、辽宁和内蒙古，俄罗斯和朝鲜也有分布。是优良的城市观赏绿化树种，树皮可入药。稍耐阴，喜排水良好的土壤，耐修剪。

主要特征

- **生活型**：落叶灌木（成树高约2m）。
- **枝**：老枝灰褐色或灰色，表皮片状脱落；花枝褐色，被星状毛。
- **叶**：叶纸质，卵形、椭圆状卵形或卵状披针形，长3～6（～10）cm，先端急尖或短渐尖，基部阔楔形或圆形，边缘具细锯齿，上面疏被5（～6）辐线星状毛，下面被大小不等6～12辐线星状毛；叶柄长3～8mm，疏被星状毛。
- **花**：伞房花序直径2～5cm，多花；花序梗被长柔毛和星状毛；花蕾球形或倒卵形；花冠直径8～15cm；花梗长2～12mm；萼筒杯状，裂片三角形；花瓣白色，阔倒卵形或近圆形，花药球形，具柄；花柱3，较雄蕊稍短。
- **果**：蒴果球形，直径2～3mm。
- **花果期**：花期6月中下旬，果期7月上旬至9月中下旬。

本区分布

生于清原森林站站区海拔560～800m的混交林或灌丛中。

主要特征照片

叶　花　干　果　枝

整株

东北山梅花

Philadelphus schrenkii Rupr.

Schrenk mockorange, 고광나무, チョウセンバイカウツギ,
Чубушник шренка

山梅花属 _Philadelphus_

　　东北山梅花分布于中国黑龙江、吉林和辽宁，朝鲜和俄罗斯东南部也有分布。是优良的园林树种。极耐阴，耐寒，适应性强。

◤ 主要特征

- **生活型：**落叶灌木（成树高达4m）。
- **枝：**2年生小枝灰棕色或灰色，表皮开裂后脱落，无毛，当年生小枝暗褐色，被长柔毛。
- **叶：**叶卵形或卵状椭圆形，长7～13cm，花枝叶较小，长2.5～8cm，宽1.5～4cm，先端渐尖，**基部楔形，疏生锯齿，上面无毛，下面沿中脉疏被长柔毛；**叶柄长0.3～1cm，疏被长柔毛。
- **花：**总状花序，有5～7花，花序轴长2～5cm，黄绿色，被微柔毛；花梗长0.6～1.2cm，疏被毛；花萼黄绿色，萼筒外面疏被柔毛，裂片卵形，长4～7mm，外面无毛，干后脉纹明显；花冠径2.5～3.5（～4）cm，花瓣白色，倒卵形或长圆状倒卵形，长1～1.5cm；雄蕊25～30枚，最长达1cm；花盘无毛，花柱槌形，长1～1.5mm。
- **果：蒴果椭圆形**，长8～9.5mm，径3.5～4.5mm。
- **种子：**种子长2～2.5mm，具短尾。

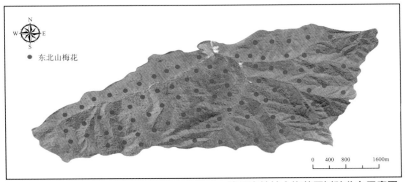

清原森林站山梅花属树种分布示意图

- **花果期：** 花期6月上旬至7月中旬，果
  期8月中旬至9月上旬。

📍 本区分布

生于清原森林站站区海拔560～1100m
的混交林中。

🖼 主要特征照片

叶

叶背

枝

花

果

干

整株

茶藨子属 *Ribes*

长白茶藨子

Ribes komarovii Pojark.

Komarov currant, 꼬리까치밥나무, ホザキヤブサンザシ,
Смородина Комарова

　　长白茶藨子分布于中国黑龙江（东南部）、吉林（北部、东部至西南部）、辽宁（东部至东南部）、河北（西部）、山西（西部、东南部）、陕西（北部、中部至南部）、甘肃（东部至东南部）和河南（西部），俄罗斯远东地区和朝鲜北部也有分布。是城市绿化、园林景观的优良树种，果实可食用，入药。对环境适应性强，对土壤要求不严，喜肥沃湿润土壤。**雌雄异株**。

🔖 主要特征

- **生活型：** 落叶灌木（高1.5～3m）。
- **枝：** 小枝暗灰色或灰色，皮条状剥离；幼枝棕褐色至红褐色，无毛，无刺。
- **叶：** 叶宽卵圆形或近圆形，长2～6cm，**基部近圆或平截，稀浅心形，两面无毛**，稀疏生腺毛，常掌状3浅裂，顶生裂片先端尖，具不整齐圆钝粗齿；叶柄长0.6～1.7cm，无毛，有时具稀疏腺毛。
- **芽：** 芽长卵圆形，长5～8mm，先端渐尖，具数枚褐色或红褐色鳞片，外面无毛或仅鳞片边缘微具短柔毛。
- **花：** 花单性，**雌雄异株**；短总状花序直立；雄花序长2～5cm，具十余花；雌花序长1.5～2.5cm，具5～10花；花序轴和花梗无柔毛，具腺毛；花梗长2～4mm；苞片椭圆形，花萼绿色，

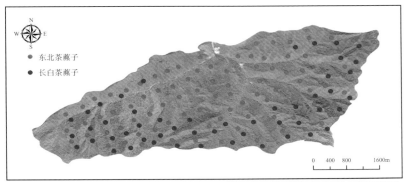

清原森林站茶藨子属树种分布示意图

无毛，萼筒杯形，萼片卵圆形或长卵圆形，直立；花瓣倒卵圆形或近扇形；子房无毛，花柱顶端2浅裂；雄花的子房不发育。

- **果：** 果球形或倒卵状球形，径7～8mm，熟时红色，无毛。
- **花果期：** 花期5月中旬至6月中旬，果期7月中旬至9月下旬。

📍 本区分布

生于清原森林站站区海拔700～1100m的路边林下、灌丛中或岩石坡地。

🖼 主要特征照片

叶

叶背

果

花

整株

茎

东北茶藨子 （灯笼果）

Ribes mandshuricum (Maxim.) Kom.

Manchurian currant, 까치밥나무, オオモミジスグリ,
Смородина маньчжурская

　　东北茶藨子分布于中国黑龙江、吉林、辽宁、内蒙古、河北、山西、陕西、甘肃和河南，朝鲜北部和俄罗斯西伯利亚也有分布。果实营养丰富，可制作饮料及酿酒。喜光，稍耐阴，耐寒性强，怕热；对环境适应性强，对土壤要求不严，喜肥沃湿润土壤。

主要特征

- **生活型：** 落叶灌木（高1～3m）。
- **枝：** 小枝灰色或褐灰色，皮纵向或长条状剥落；嫩枝褐色，具短柔毛或近无毛，无刺。
- **叶：** 叶宽大，长5～10cm，宽几与长相似，基部心脏形，幼时两面被灰白色平贴短柔毛，下面甚密，成长时逐渐脱落，老时毛甚稀疏，常掌状3裂，稀5裂，裂片卵状三角形，先端急尖至短渐尖，顶生裂片比侧生裂片稍长，边缘具不整齐粗锐锯齿或重锯齿；叶柄长4～7cm，具短柔毛。
- **芽：** 芽卵圆形或长圆形，长4～7mm，宽1.5～3mm，先端稍钝或急尖，具数枚棕褐色鳞片，外面微被短柔毛。
- **花：** 花两性，总状花序，具花多达40～50朵；花序轴和花梗密被短柔毛；苞片小，卵圆形，无毛或微具短柔毛，早落；花萼浅绿色或带黄色；萼筒盆形，萼片倒卵状舌形或近舌形；花瓣近匙形，先端圆钝或截形，浅黄绿色，

下面有5个分离的突出体；雄蕊稍长于萼片，花药近圆形，红色；子房无毛；花柱稍短或几与雄蕊等长，先端2裂，有时分裂几达中部。
- **果：** 果球形，径7～9mm，红色，无毛，味酸。
- **花果期：** 花期4月中旬至6月中旬，果期7月下旬至8月下旬。

本区分布

　　生于清原森林站站区海拔560～1100m的山坡或山谷混交林中。

主要特征照片

枝

茎

叶

叶背

芽

花

果

整株

蔷薇科
ROSACEAE

山楂属 *Crataegus*

山楂 （山里红）

Crataegus pinnatifida Bge.

Chinese haw, 산사나무, オオサンザシ,
Боярышник перистораздельный

　　山楂分布于中国黑龙江、吉林、辽宁、内蒙古、河北、河南、山东、山西、陕西和江苏，朝鲜和俄罗斯西伯利亚也有分布。木材可作家具、文具、木柜等；果可食可入药；是公园、庭院的优良绿化树种。喜光也耐阴，喜凉爽、湿润的环境，耐寒又耐高温。

主要特征

- **生活型：**落叶小乔木（成树最高达7m）。
- **树干（树皮）：**树皮粗糙，暗灰色或灰褐色，**无刺或有刺（长1～2cm）。**
- **枝：**小枝圆柱形，当年生枝紫褐色，无毛或近无毛，疏生皮孔；老枝灰褐色。
- **叶：**叶片宽卵形或三角状卵形，稀菱状卵形，长5～10cm，宽4～7.5cm，先端短渐尖，**基部截形至宽楔形，通常两侧各有3～5羽状深裂片，裂片卵状披针形或带形，先端短渐尖，边缘有尖锐稀疏不规则重锯齿，**上面暗绿色有光泽，下面沿叶脉有疏生短柔毛或在脉腋有髯毛，侧脉6～10对，有的达到裂片先端，有的达到裂片分裂处；叶柄长2～6cm，无毛；**托叶草质，镰形，边缘有锯齿。**
- **芽：**冬芽三角状卵形，先端圆钝，无毛，紫色。

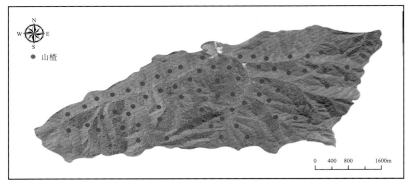

清原森林站山楂属树种分布示意图

- **花：** 伞形花序具多花，径 4～6cm；花梗和花序梗均被柔毛，花后脱落；花梗长 4～7mm；苞片线状披针形；花径约 1.5cm；萼片三角状卵形或披针形，被毛；花瓣白色，倒卵形或近圆形；雄蕊 20 枚，花柱 3～5，基部被柔毛。
- **果：** 果近球形或梨形，直径 1～1.5cm，深红色，有浅色斑点，小核 3～5。
- **花果期：** 花期 5 月下旬至 6 月上旬，果期 7 月中旬至 10 月中旬。

🔘 本区分布

生于清原森林站站区海拔 560～1100m 的山坡林边或灌木丛中。

🖼 主要特征照片

叶

叶枝

枝

干

果

花

整株

山荆子（山定子）

Malus baccata (L.) Borkh.

Siberian crabapple, 야광나무, エゾノコリンゴ,
Яблоня ягодная

苹果属 *Malus*

　　山荆子分布于中国黑龙江、吉林、辽宁、内蒙古、河北、山西、山东、陕西和甘肃，蒙古、朝鲜和俄罗斯西伯利亚也有分布。是很好的蜜源植物，可作庭院观赏树种，可用作苹果和花红的砧木。喜光，耐寒，耐瘠薄，不耐盐，深根性，寿命长，多生长于花岗岩、片麻岩山地和淋溶褐土地带。

◢ 主要特征

- **生活型：** 落叶乔木（成树最高达14m）。
- **树干（树皮）：** 树冠广圆形。
- **枝：** 幼枝细弱，微屈曲，圆柱形，无毛，红褐色；老枝暗褐色。
- **叶：** 叶椭圆形或卵形，长3～8cm，先端渐尖，**稀尾状渐尖，基部楔形或圆形，边缘有细锐锯齿，幼时微被柔毛或无毛**；叶柄长2～5cm，幼时有短柔毛及少数腺体，不久即脱落；托叶膜质，披针形，早落。
- **芽：** 冬芽卵形，先端渐尖，鳞片边缘微具绒毛，红褐色。
- **花：** 伞形花序，具花4～6朵，无总梗，集生在小枝顶端，直径5～7cm；花梗长1.5～4cm，无毛；苞片膜质，线状披针形，无毛，早落；花径3～3.5cm；无毛，萼片披针形，先端渐尖，长5～7mm，比被丝托短；花瓣白色，倒卵形，基部有短爪；

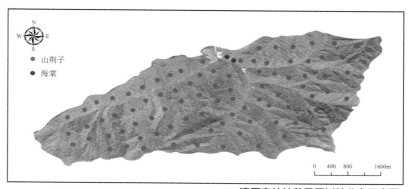

　　● 山荆子

　　● 海棠

0　400　800　1600m

清原森林站苹果属树种分布示意图

雄蕊15～20枚；花柱5或4，基部有长柔毛。

- **果**：果近球形，直径0.8～1cm，红或黄色，柄洼及萼洼稍微陷入；萼片脱落；果柄长3～4cm。

- **花果期**：花期4月下旬至6月上旬，果期9月上旬至10月中旬。

📍 本区分布

生于清原森林站站区海拔560～1100m的山坡混交林中或山谷阴处灌木丛中。

🖼 主要特征照片

叶

叶背

果

枝

花

整株

干

海棠（海棠花）

Malus spectabilis (Ait.) Borkh.

Chinese flowering crabapple, 해당, ホンカイドウ,
Принятое название

海棠原产中国河北、山东、陕西、江苏、浙江和云南，其他各地多引种栽培。是中国的特有植物，著名的观赏树种，多用于城市绿化。喜光，不耐阴，忌水湿，对严寒及干旱气候有较强的适应性。

主要特征

- **生活型**：落叶小乔木（成树高达8m）。
- **树干（树皮）**：树皮灰色。
- **枝**：小枝粗，幼时被短柔毛，渐脱落；冬芽微被柔毛。
- **叶**：叶椭圆形至长椭圆形，长5～8cm，边缘有紧贴细锯齿，幼时两面有稀疏短柔毛，后脱落，老叶无毛；叶柄长1.5～2cm，具短柔毛；托叶膜质，窄披针形，早落。
- **花**：花4～6组成近伞形花序；花梗长2～3cm，具柔毛；苞片膜质，披针形，早落；花径4～5cm；被丝托外面无毛或有白色绒毛，萼片三角状卵形，外面无毛或偶有稀疏绒毛，内面密被白色绒毛，比被丝托稍短；花瓣白色，在蕾中呈粉红色；雄蕊20～25枚；花柱（4）5，基部有白色绒毛。
- **果**：果近球形，径2cm，黄色，**有宿存萼片，基部不下陷，柄洼隆起**；果柄细长，近顶端肥厚，长3～4cm。
- **花果期**：花期4月中下旬至5月上旬，果期6月中下旬至9月中旬。

本区分布

栽植于清原森林站站区，作庭院观赏植物。

主要特征照片

整株

叶

干

花

果

稠李（臭李子）

Padus avium Miller

Bird cherry, 귀룽나무, エゾノウワミズザクラ,
Черёмуха обыкновенная

　　稠李分布于中国黑龙江、吉林、辽宁、内蒙古、河北、山西、河南、山东等地，朝鲜、日本和俄罗斯也有分布。是观赏绿化树种。喜光也耐阴，抗寒力较强，怕积水涝洼，不耐干旱瘠薄；萌蘖力极强，病虫害少。

主要特征

- **生活型：** 落叶乔木（成树最高达15m）。
- **树干（树皮）：** 树皮粗糙而多斑纹；老枝紫褐色或灰褐色，有浅色皮孔。
- **枝：小枝红褐色或带黄褐色，幼时被短绒毛，以后脱落无毛。**
- **叶：** 叶椭圆形、长圆形或长圆状倒卵形，长4～10cm，先端尾尖，基部圆或宽楔形，有不规则锐锯齿，有时兼有重锯齿，两面无毛；叶柄长1～1.5cm，幼时被绒毛，后脱落无毛，**顶端两侧各具1枚腺体**。
- **芽：** 冬芽卵圆形，无毛或仅边缘有睫毛。
- **花：** 总状花序，长7～10cm，基部有2～3叶；花序梗和花梗无毛；花梗长1～1.5cm，花径1～1.6cm；萼筒钟状；萼片三角状卵形，有带腺细锯齿，花瓣白色，长圆形；雄蕊多数。
- **果：** 核果卵圆形，径0.8～1cm；果柄无毛；萼片脱落；核有褶皱。

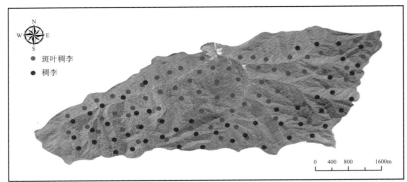

清原森林站稠李属树种分布示意图

- **花果期：** 花期4月中旬至5月上旬，果期5月下旬至10月上旬。

📍 本区分布

　　生于清原森林站站区海拔880～1100m的山坡、山谷或灌丛中。

🖼 主要特征照片

叶

枝

果

花

整株

干

芽

斑叶稠李 （山桃稠李）

Padus maackii (Rupr.) Kom.

Amur choke-cherry, 개벗지나무, ウラボシザクラ,
Черёмуха Маака

斑叶稠李分布于中国黑龙江、吉林和辽宁，朝鲜和俄罗斯也有分布。是观赏绿化树种；叶、花、果、根、皮、种仁均可入药。喜湿润肥沃土壤，又耐干旱瘠薄；适应性强，抗病力强，耐寒。

主要特征

- **生活型：** 落叶小乔木（最高4～10m）。
- **树干（树皮）：** 树皮光滑成片状剥落。
- **枝：** 小枝带红色，幼时被短柔毛，以后脱落近无毛；老枝黑褐色或黄褐色，无毛。
- **叶：** 叶椭圆形、菱状卵形，稀长圆状倒卵形，长4～8cm，先端尾尖或短渐尖，基部圆或宽楔形，有不规则带腺锐锯齿，上面沿叶脉被柔毛，下面沿中脉被柔毛，被紫褐色腺体；叶柄长1～1.5cm，被柔毛，稀近无毛，先端有时有2枚腺体，或叶基部边缘两侧各有1枚腺体；托叶膜质，线形，早落。
- **芽：** 冬芽无毛或鳞片边缘被柔毛。
- **花：** 总状花序，多花密集，长5～7cm，基部无叶；花序梗和花梗均密被稀疏短柔毛；花梗长4～6mm，花径0.8～1cm；萼筒钟状，比萼片长近1倍，萼片三角状披针形或卵状披针形，有不规则带腺细齿，内外均被疏柔毛；花瓣白色，长圆状倒卵形，先端1/3部分啮蚀状，基部有短爪；雄蕊25～30枚；花柱基部有疏长柔毛。

- **果：** 核果近球形，径5～7mm，熟时紫褐色，无毛；果柄无毛；萼片脱落；核有皱纹。
- **花果期：** 花期4月中旬至5月上旬，果期6月下旬至10月上旬。

本区分布

生于清原森林站站区海拔560～1100m的阳坡疏林中、林边和阳坡潮湿地。

主要特征照片

叶

叶背

芽

果

整株

干

李属 *Prunus*

紫叶李（红叶李、真红叶李）

Prunus cerasifera f. atropurpurea (Jacq.) Rehd.

Cherry plum, 앵두오얏나무, ミロバランスモモ, Алыча

紫叶李原产中国新疆，东北、华北及其以南地区广为种植。观叶树种，具有很高的观赏价值。喜光，喜温暖湿润气候，有一定抗旱能力，对土壤适应性强，不耐干旱，较耐水湿，不耐碱；根系较浅，萌生力较强。

主要特征

- **生活型**：落叶灌木或小乔木（成树高达3m）。
- **树干（树皮）**：**树皮紫灰色。**
- **枝**：多分枝，枝条细长，开展，暗灰色，有时有棘刺；**小枝暗红色，无毛。**
- **芽**：冬芽卵圆形，先端急尖，有数枚覆瓦状排列鳞片，紫红色，有时鳞片边缘有稀疏缘毛。
- **叶**：叶片椭圆形、卵形或倒卵形，极稀椭圆状披针形，长（2）3～6cm，宽2～3（2）cm，先端急尖，基部楔形或近圆形，**边缘有圆钝锯齿**，有时混有重锯齿，紫色；托叶膜质，披针形，先端渐尖，边有带腺细锯齿，早落。
- **花**：花1朵，稀2朵；花梗长1～2.2cm；无毛或微被短柔毛；花直径2～2.5cm；萼筒钟状，萼片长卵形，先端圆钝，边有疏浅锯齿，与萼片近等长，萼筒和萼片外面无毛，萼筒内面有疏生短柔毛；花瓣白色，长圆形或匙形，边缘波状，基部楔形，着生在萼筒边

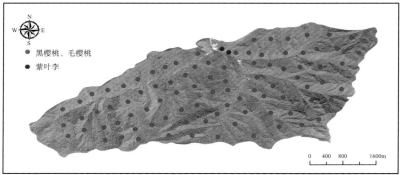

黑樱桃、毛樱桃
紫叶李

0　400　800　　　1600m

清原森林站李属树种分布示意图

缘；雄蕊25～30枚，花丝长短不等，紧密地排成不规则2轮，比花瓣稍短；雌蕊1枚，心皮被长柔毛，柱头盘状，花柱比雄蕊稍长，基部被稀长柔毛。

- **果：**核果近球形或椭圆形，长宽几相等，直径1～3cm，黄色、红色或黑色，微被蜡粉，具有浅侧沟，黏核；核椭圆形或卵球形，先端急尖，浅褐带白色，表面平滑或粗糙或有时呈蜂窝状，背缝具沟，腹缝有时扩大具2侧沟。

- **花果期：**花期4月中下旬，果期6月上旬至8月中下旬。

🔲 本区分布

栽植于清原森林站站区。

🖼 主要特征照片

果　花　叶　干　整株

黑樱桃（深山樱）

Prunus maximowiczii (Rupr.) Kom.

Korean cherry, 산개벚지나무, ミヤマザクラ,
Вишня Максимовича

黑樱桃分布于中国黑龙江、吉林和辽宁，俄罗斯远东地区、朝鲜和日本也有分布。果实可食及酿酒，种仁可入药，花可供观赏。喜光、喜温、喜湿、喜肥，不耐涝也不抗风；对盐渍化反应敏感，浅根系。

主要特征

- **生活型：** 落叶小乔木（最高可达7m）。
- **树干（树皮）：** 树皮暗灰色。
- **枝：** 小枝灰褐色；嫩枝淡褐色，密被长柔毛。
- **叶：** 叶片倒卵形或倒卵状椭圆形，长3～9cm，宽1.5～4cm，先端骤尖或短尾尖，基部楔形或圆形，边缘有重锯齿，上面绿色，除中脉伏生疏柔毛外，其余无毛，下面淡绿色，除中脉和侧脉上有伏生疏柔毛外，其余无毛，侧脉6～9对；叶柄长0.5～1.5cm，密生柔毛；托叶线形，边有稀疏深紫色腺体，与叶柄近等长或较短，花后脱落。
- **芽：** 冬芽长卵形，鳞片外面伏生短柔毛。
- **花：** 花单生或2朵簇生，**花叶同放**，花梗长0.5～1.5cm，密被伏生柔毛；花径约1.5cm；萼筒倒圆锥状，长3～4mm，顶端径2.5～3mm，外面伏生短柔毛，萼片椭圆状三角形，边有疏齿；花瓣白色，椭圆形，长6～7mm；花柱与雄蕊近等长，柱头头状。
- **果：** 核果卵圆形，成熟后黑色，长7～8mm；核有数条棱纹。
- **花果期：** 花期6月中上旬，果期7月中旬至8月上旬。

本区分布

生于清原森林站站区海拔560～1100m的阳坡杂木林中或有腐殖质土石坡上。

主要特征照片

叶

叶背

花

果

枝

干

整株

毛樱桃 （山樱桃、野樱桃）

Prunus tomentosa (Thunb.) Wall.

Dawny cherry, 앵도나무, ユスラウメ,
Вишня войлочная

　　毛樱桃分布于中国黑龙江、吉林、辽宁、内蒙古、河北、山西、陕西、甘肃、宁夏、青海、山东、四川和云南。果实可食及酿酒，种仁可入药，花可供观赏。喜光、喜温、喜湿、喜肥，不耐涝也不抗风。对盐渍化反应敏感，浅根系。

🛩 主要特征

- **生活型**：落叶灌，稀小乔木状（最高可达2～3m）。
- **枝**：小枝紫褐色或灰褐色；嫩枝密被绒毛到无毛。
- **叶**：叶卵状椭圆形或倒卵状椭圆形，长2～7cm，有急尖或粗锐锯齿，上面被疏柔毛，**下面灰绿色**，密被灰色绒毛至稀疏，侧脉4～7对；叶柄长2～8mm，被绒毛至稀疏；托叶线形，长3～6mm，被长柔毛。
- **芽**：冬芽卵形，疏被短柔毛或无毛。
- **花**：花单生或2朵簇生，**花叶同放**，近先叶开放或先叶开放；花梗长达2.5mm或近无梗；萼筒管状或杯状，长4～5mm，外被柔毛或无毛，萼片三角状卵形，长2～3mm，内外被柔毛或无毛；花瓣白或粉红色，倒卵形；雄蕊短于花瓣；花柱伸出与雄蕊近等长或稍长；子房被毛或仅顶端或基部被毛。
- **果**：**核果近球形，熟时红色**，径

0.5～1.2cm；核棱脊两侧有纵沟。
- **花果期**：花期4月中旬至5月上旬，果期6月中旬至8月中旬。

📍 本区分布

　　生于清原森林站站区海拔560～1100m的山坡林中、林缘、灌丛。

🖼 主要特征照片

枝

干

叶

花

果

整株

梨属 *Pyrus*

秋子梨（山梨）

Pyrus ussuriensis Maxim.

Ussurian pear, 산돌배나무, ミチノクナシ,
Груша уссурийская

　　秋子梨分布于中国黑龙江、吉林、辽宁、内蒙古、河北、山东、山西、陕西和甘肃，朝鲜和俄罗斯东部也有分布。果实可食用、可入药，是优良的园林绿化树种。喜光耐旱，对土壤要求不严，抗寒力强。

📐 主要特征

- **生活型：** 落叶乔木（成树最高达15m）。
- **树干（树皮）：** 树冠宽广。
- **枝：** 嫩枝无毛或微具毛，2年生枝条黄灰色至紫褐色，老枝转为黄灰色或黄褐色，具稀疏皮孔。
- **叶：** 叶卵形至宽卵形，长5～10cm，先端短渐尖，基部圆或近心形，稀宽楔形，**边缘有带刺芒状尖锐锯齿，两面无毛或幼时被绒毛**，不久脱落；叶柄长2～5cm，幼时有绒毛，不久脱落；托叶线状披针形，早落。
- **芽：** 冬芽肥大，卵形，先端钝，鳞片边缘微具毛或近于无毛。
- **花：** 花序密集，花5～7朵；花梗长2～5cm，幼时被绒毛；不久脱落；苞片膜质，线状披针形，早落；花径3～3.5cm；萼片三角状披针形，有腺齿，外面无毛；花瓣白色，倒卵形或宽卵形，无毛；雄蕊20枚，短于花瓣，花药紫色；花柱5，离生，近基部有稀疏柔毛。

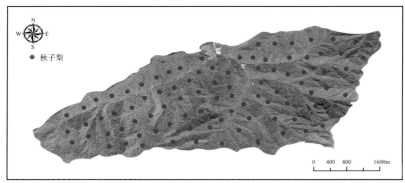

清原森林站梨属树种分布示意图

- **果：**果近球形，黄色，径2～6cm，有宿存萼片，基部微下陷，果柄长1～2cm。
- **花果期：**花期5月中下旬，果期6月上旬至10月上旬。

📍 **本区分布**

生于清原森林站站区海拔560～1100m的混交林中。

🖼 **主要特征照片**

叶

芽

花

果

枝

干

整株

悬钩子属

Rubus

山楂叶悬钩子（托盘、马林果、牛叠肚）

***Rubus crataegifolius* Bunge**

Hawthorn-leaved raspberry, 산딸기나무, クマイチゴ,
Малина боярышниколистная

山楂叶悬钩子分布于中国黑龙江、吉林、辽宁、河北、河南、山西和山东，朝鲜、日本和俄罗斯远东地区也有分布。果实可食用，果和根可入药。喜光，对土壤要求不严。

主要特征

- **生活型**：直立灌木（高1～3m）。
- **枝**：枝具沟棱，**幼时被细柔毛，老时无毛，有微弯皮刺**。
- **叶**：单叶，**卵形或长卵形**，长5～12cm，花枝叶稍小，先端渐尖，稀尖，基部心形或近平截，上面近无毛，下面脉有柔毛和小皮刺，3～5掌状分裂，裂片卵形或长圆状卵形，有不规则缺刻状锯齿，基部具掌状5脉；叶柄长2～5cm，**疏生柔毛和小皮刺；托叶线形**，几无毛。
- **花**：花数朵簇生或成短总状花序，常顶生；花梗长0.5～1cm，有柔毛；苞片与托叶相似；花径1～1.5cm；花萼有柔毛，果期近无毛，萼片卵状三角形或卵形，先端渐尖；花瓣椭圆形或长圆形，白色；雄蕊直立，花丝宽扁；雌蕊多数。
- **果**：**聚合果近球形**，径约1cm，成熟时暗红色，无毛，有光泽；核具皱纹。
- **花果期**：花期5月下旬至6月上旬，果期7月下旬至9月上旬。

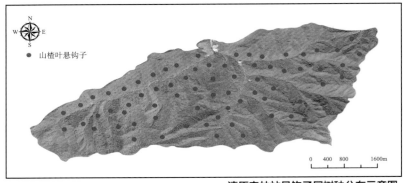

清原森林站悬钩子属树种分布示意图

🔘 本区分布

生于清原森林站站区海拔560～1100m
的向阳山坡灌木丛中、林缘。

🖼 主要特征照片

叶　叶背　花　果

整株

珍珠梅属 *Sorbaria*

珍珠梅（山高粱、东北珍珠梅）

Sorbaria sorbifolia (L.) A. Br.

Ural false-spiraea, 쉬땅나무, ホザキナナカマド,
Рябинник рябинолистный

　　珍珠梅分布于中国黑龙江、吉林、辽宁和内蒙古，俄罗斯、朝鲜、日本和蒙古也有分布。可作园林观赏用，可入药。耐寒，耐半阴，耐修剪；在排水良好的砂质壤土中生长较好；生长快，易萌蘖。

主要特征

- **生活型**：灌木（高可达2m）。
- **枝**：小枝圆柱形，稍屈曲，无毛或微被短柔毛，初时绿色，老时暗红褐色或暗黄褐色。
- **叶**：奇数羽状复叶，小叶片11～17枚，连叶柄长13～23cm，宽10～13cm，叶轴微被短柔毛；小叶片对生，相距2～2.5cm，披针形至卵状披针形，长5～7cm，宽1.8～2.5cm，先端渐尖，稀尾尖，基部近圆形或宽楔形，稀偏斜，边缘有尖锐重锯齿，上下两面无毛或近于无毛，羽状网脉，具侧脉12～16对，下面明显；小叶无柄或近于无柄；托叶叶质，卵状披针形至三角披针形，先端渐尖至急尖，边缘有不规则锯齿或全缘，长8～13mm，宽5～8mm，外面微被短柔毛。
- **芽**：冬芽卵形，先端圆钝，无毛或顶端微被柔毛，紫褐色，具有数枚互生外露的鳞片。
- **花**：顶生密集圆锥花序，分枝近直立，长10～20cm，花序梗

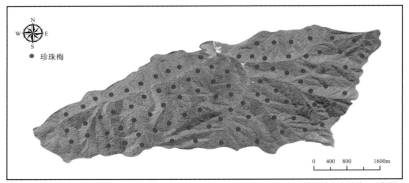

清原森林站珍珠梅属树种分布示意图

和花梗被星状毛或短柔毛，果期近无毛；苞片卵状披针形或线状披针形，长0.5～1cm，全缘或有浅齿，上下两面微被柔毛，果期渐脱落；花梗长5～8mm；花径1～1.2cm；被丝托钟状，外面基部微被短柔毛；萼片三角状卵形；花瓣长圆形或倒卵形，长5～7mm，白色；雄蕊40～50枚，约长于花瓣1.5～2倍；心皮5个，无毛或稍具柔毛。

- **果：蓇葖果长圆形，弯曲花柱长约**3mm，果柄直立；萼片宿存，反折，稀开展。

- **花果期：** 花期7月中旬至8月下旬，果期9月中下旬。

📍 本区分布

生于清原森林站站区海拔560～1100m的山坡疏林中。

🖼 主要特征照片

叶

花

花枝

果

整株

茎

花楸属 *Sorbus*

水榆花楸（黄山榆、枫榆）

Sorbus alnifolia (Sieb. et Zucc.) K. Koch

Dense-headed mountain-ash, 벌배나무, フギレアズキナシ,
Рябина ольхолистная

　　水榆花楸分布于中国黑龙江、吉林、辽宁、河北、河南、陕西、甘肃、山东、安徽、湖北、江西、浙江和四川，朝鲜和日本也有分布。可作观赏用，树皮可作染料，果实、种子、茎和皮都可入药。喜光也稍耐阴，抗寒力强，根系发达，对土壤要求不严，以湿润肥沃的砂质壤土为好。

主要特征

- **生活型：** 落叶乔木（成树高达20m）。
- **树干（树皮）：** 主干通直，树皮光滑，树冠圆锥形。
- **枝：** 小枝圆柱形，具灰白色皮孔，幼时微具柔毛，2年生枝暗红褐色，老枝暗灰褐色，无毛。
- **叶：** 叶片卵形至椭圆卵形，长5～10cm，宽3～6cm，先端短渐尖，基部宽楔形至圆形，边缘有不整齐的尖锐重锯齿，有时微浅裂，上下两面无毛或在下面的中脉和侧脉上微具短柔毛，侧脉6～10（14）对，直达叶边齿尖；叶柄长1.5～3cm，无毛或微具稀疏柔毛。
- **芽：** 冬芽卵形，先端急尖，外具数枚暗红褐色无毛鳞片。
- **花：** 复伞房花序较疏松，具花6～25朵，总花梗和花梗具稀疏柔毛；花梗长6～12mm；花直径10～14（18）mm；萼筒钟状，外面无毛，内面近无毛；萼片三角形，先端急尖，外面无毛，

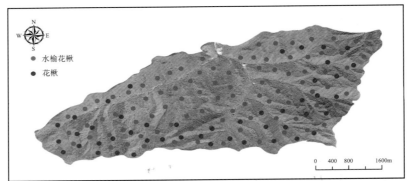

清原森林站花楸属树种分布示意图

内面密被白色绒毛；花瓣卵形或近圆形，长5～7mm，宽3.5～6mm，先端圆钝，白色；雄蕊20枚，短于花瓣；花柱2，基部或中部以下合生，光滑无毛，短于雄蕊。

- **果**：果实椭圆形或卵形，红色或黄色，不具斑点或具极少数细小斑点，萼片脱落后果实先端残留圆斑。

- **花果期**：花期5月中旬，果期6月中旬至9月上旬。

本区分布

生于清原森林站站区海拔560～1100m的山坡、山沟、山顶混交林或灌木丛中。

主要特征照片

叶

叶背

枝

芽

干

花

果

花楸（百华花楸、马加木、臭山槐）

Sorbus pohuashanensis (Hance) Hedl.

Amur mountain-ash, 당마가목, トウナナカマド, Рябина похуашаньская

花楸分布于中国黑龙江、吉林、辽宁、内蒙古、河北、山西、甘肃和山东。可作观赏用，木材可作家具，果可制酱酿酒及入药。喜光，稍耐阴，抗寒力强，根系发达。

主要特征

- **生活型**：落叶乔木（成树高达8m）。
- **枝**：小枝粗壮，圆柱形，灰褐色，具灰白色细小皮孔；嫩枝具绒毛，逐渐脱落，老时无毛。
- **叶**：奇数羽状复叶，连叶柄长12～20cm，叶柄长2.5～5cm；小叶5～7对，间隔1～2.5cm，卵状披针形或椭圆状披针形，长3～5cm，有细锐锯齿，上面具疏绒毛或近无毛，下面有绒毛，或无毛，侧脉9～16对；叶轴幼时有白色绒毛；**托叶草质，宿存，宽卵形，有粗锐锯齿**。
- **芽**：冬芽长大，长圆卵形，先端渐尖，具数枚红褐色鳞片，外面密被灰白色绒毛。
- **花**：复伞房花序具多花，密被白色绒毛；花梗长3～4mm；花径6～8mm；花萼具绒毛，萼筒钟状，萼片三角形；花瓣宽卵形或近圆形，长3.5～5mm，白色，内面微具柔毛；雄蕊20枚，几与花瓣等长；花柱3，基部具柔毛，较雄蕊短。
- **果**：果近球形，直径6～8mm，成熟时红色或橘红色，萼片宿存。
- **花果期**：花期6月中下旬，果期7月中旬至10月上旬。

本区分布

生于清原森林站站区海拔560～1100m的山坡或山谷混交林内。

主要特征照片

叶

叶背

枝

花枝

花

果

芽

整株

干

绣线菊（柳叶绣线菊、空心柳）

Spiraea salicifolia L.

Willow-leaved spiraea, 꼬리조팝나무, ホザキシモツケ,
Спирея иволистная

绣线菊分布于中国黑龙江、吉林、辽宁、内蒙古和河北，蒙古、日本、朝鲜、俄罗斯西伯利亚和欧洲东南部也有分布。叶和根可入药，栽培供观赏用，是蜜源植物。喜光也稍耐阴，抗寒，抗旱，喜温暖湿润的气候和深厚肥沃的土壤；萌蘖力和萌芽力均强，耐修剪。

主要特征

- **生活型：** 直立灌木（成树高达2m）。
- **枝：** 枝条密集，小枝稍有棱角，黄褐色，嫩枝具短柔毛，老时脱落。
- **叶：** 叶长圆状披针形或披针形，长4～8cm，先端急尖或渐尖，基部楔形，密生锐锯齿或重锯齿，两面无毛；叶柄长1～4mm，无毛。
- **芽：** 冬芽卵形或长圆卵形，先端急尖，有数个褐色外露鳞片，外被稀疏细短柔毛。
- **花：** 长圆形或金字塔形圆锥花序，长6～13cm，被柔毛；花梗长4～7mm；苞片披针形至线状披针形，全缘或有少数锯齿，微被细短柔毛；花径5～7mm；萼筒钟状，萼片三角形；花瓣卵形，先端钝圆，长与宽2～3mm，粉红色；雄蕊50枚，长于花瓣约2倍；花盘环形，裂片呈细圆锯齿状；子房有疏柔毛，

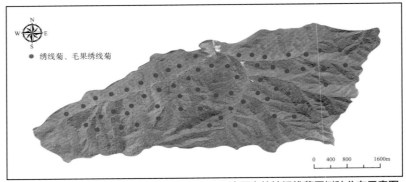

清原森林站绣线菊属树种分布示意图

花柱短于雄蕊。

- **果：** **蓇葖果直立**，无毛，沿腹缝有柔毛，宿存花柱顶生，倾斜开展，宿存萼片反折。
- **花果期：** 花期6月下旬至8月中旬，果期8月下旬至9月下旬。

⊙ 本区分布

　　生于清原森林站站区海拔560～1000m的河流沿岸、空旷地和山沟中。

🖻 主要特征照片

花

果

叶

茎

整株

毛果绣线菊（石蹦子）

Spiraea trichocarpa Nakai

Korean spiraea, 갈기조팝나무, チョウセンコデマリ,
Спирея опушённоплодная

　　毛果绣线菊分布于中国辽宁和内蒙古，朝鲜也有分布。是园林绿化中优良的观花观叶植物，根及果实可入药。耐寒、耐旱及耐瘠薄，萌蘖力强。

主要特征

- **生活型**：灌木（成树高达2m）。
- **枝**：小枝有棱角，灰褐色至暗红褐色，幼时黄褐色；不孕枝常无毛，开花枝被短柔毛。
- **叶**：叶长圆形、卵状长圆形或倒卵状长圆形，长1.5～3cm，宽0.7～1.5cm，先端急尖或稍钝，基部楔形，全缘或不孕枝上的叶片先端有数个锯齿，两面无毛；叶柄长2～6mm，无毛或幼时被稀疏短柔毛。
- **芽**：冬芽长卵形或长圆形，约与叶柄等长，先端急尖或圆钝，具2枚外露鳞片，无毛或幼时微具短柔毛。
- **花**：复伞房花序着生在侧生小枝顶端，直径3～5cm，多花，密被短柔毛；花梗长5～9mm；苞片线形，常具柔毛；花直径5～7mm；萼筒钟状，内外两面被短柔毛；萼片三角形，先端急尖，外面近无毛，内面微被短柔毛；花瓣宽倒卵形或近圆形，先端微凹或圆钝，长2～3.5mm，宽几与长相等，白色；雄蕊18～20枚，约与花瓣等长；花盘圆环形，有不规则的裂片，裂片先端常微凹；子房有短柔毛，花柱短于雄蕊。

- **果**：蓇葖果直立，合拢成圆筒状，密被柔毛，宿存花柱顶生背部，外倾开展，宿存萼片直立。
- **花果期**：花期5月中旬至6月中旬，果期7月中旬至9月中旬。

本区分布

　　生于清原森林站站区海拔560～1000m溪流附近的混交林中。

主要特征照片

叶

叶背

果

花

茎

整株

豆科
LEGUMINOSAE

紫穗槐（紫槐、棉槐、棉条）

Amorpha fruticosa L.

Bastard indigo, 족제비싸리, イタチハギ,
Аморфа кустарниковая

紫穗槐属 *Amorpha*

　　紫穗槐原产美国东北部和东南部，中国东北、华北、西北及山东、安徽、江苏、河南、湖北、广西、四川等地均有栽培。是多年生优良绿肥、蜜源植物；可用作水土保持、被覆地面和工业区绿化，又常作防护林带的下木用。耐瘠，耐水湿和轻度盐碱土；根部有根疣，可改良土壤，枝叶对烟尘有较强的抗性。

主要特征

- **生活型：** 落叶灌木，丛生（成树高达1～4m）。
- **枝：** 小枝灰褐色，被疏毛，后变无毛，嫩枝密被短柔毛。
- **叶：** 奇数羽状复叶，长10～15cm；叶柄长1～2cm；托叶线形，脱落；小叶11～25片，卵形或椭圆形，长1～4cm，先端圆、急尖或微凹，有短尖，基部宽楔形或圆，上面无毛或疏被毛，**下面被白色短柔毛和黑色腺点。**
- **花：** 穗状花序顶生或生于枝条上部叶腋，长7～15cm，花序梗与序轴均密被短柔毛；花多数，密生；花萼钟状，长2～3mm，疏被毛或近无毛，萼齿5个，三角形，近等长，长约为萼筒的1/3；花冠紫色，旗瓣心形，长6～7mm，先端裂至瓣片的1/3，基部具短瓣柄，翼瓣与龙骨瓣均缺如；雄蕊10枚，花丝基部合生，与子房同包于旗瓣之中，成熟伸出花冠之外；子房无柄，花柱被毛。

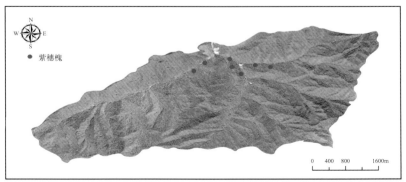

- 紫穗槐

0　400　800　　　　1600m

清原森林站紫穗槐属树种分布示意图

- **果：荚果长圆形**，下垂，长0.6～1cm，微弯曲，具小突尖，成熟时棕褐色，**有疣状腺点**。
- **种子：**种子近肾形，种脐圆形，偏于一端。
- **花果期：**花期5月中旬至6月上旬，果期7月上旬至10月上旬。

◎ 本区分布

栽植于清原森林站海拔560～600m。

▣ 主要特征照片

胡枝子

胡枝子属 *Lespedeza*

胡枝子

Lespedeza bicolor Turcz.

Shrub lespedeza, 싸리나무, ヤマハギ,
Леспедеца двуцветная

　　胡枝子分布于中国黑龙江、吉林、辽宁、河北、内蒙古、山西、陕西、甘肃、山东、江苏、安徽、浙江、福建、台湾、河南、湖南、广东、广西等地，朝鲜、日本和俄罗斯西伯利亚也有分布。是营造防护林及混交林的伴生树种，也可作绿肥及饲料。耐旱、耐瘠薄、耐酸性、耐盐碱、耐刈割；对土壤适应性强，耐寒性很强。

主要特征

- **生活型：**落叶灌木（高 1～3m）。
- **枝：多分枝；小枝黄色或暗褐色，有条棱，被疏短毛。**
- **叶：**羽状复叶具 3 小叶；叶柄长 2～7（～9）cm；小叶草质，卵形、倒卵形或卵状长圆形，长 1.5～6cm，先端圆钝或微凹，具短刺尖，基部近圆或宽楔形，全缘，上面绿色，无毛，下面色淡，被疏柔毛，老时渐无毛。
- **芽：**芽卵形，长 2～3mm，具数枚黄褐色鳞片。
- **花：**总状花序腋生，比叶长，常构成大型、较疏松的圆锥花序；花序梗长 4～10cm；花梗长约 2mm，密被毛；花萼长约 5mm，5 浅裂，裂片常短于萼筒；花冠红紫色，长约 1cm，旗瓣倒卵形，翼瓣近长圆形，具耳和瓣柄，龙骨瓣与旗瓣近等长，基部具长瓣柄。

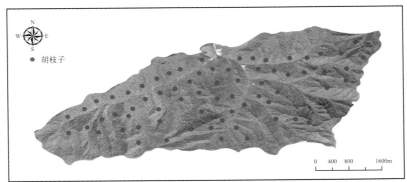

清原森林站胡枝子属树种分布示意图

- **果：**荚果斜倒卵形，稍扁，长约1cm，宽约5mm，具网纹，密被短柔毛。
- **花果期：**花期7月中旬至8月中旬，果期9月下旬至10月中旬。

📍 本区分布

生于清原森林站站区海拔560～1100m的山坡、林缘、灌丛及混交林中。

🖼 主要特征照片

叶

花

枝

果

整株

干

山槐 （怀槐、朝鲜槐）

Maackia amurensis Rupr. et Maxim.

Amur maackia, 다릅나무, イヌエンジュ,
Маакия амурская

　　山槐分布于中国黑龙江、吉林、辽宁、内蒙古、河北和山东，俄罗斯远东地区和朝鲜也有分布。是**国家珍贵树种（二级）**；为中国植物图谱数据库收录的有毒植物，茎皮有毒，可入药。喜光，稍耐阴，耐寒，喜生于肥沃、湿润土壤；萌芽力强。

主要特征

- **生活型：** 落叶乔木（成树高达15m，胸径约60cm）。
- **树干（树皮）：** 树皮淡绿褐色，薄片剥裂。
- **枝：** 枝紫褐色，有褐色皮孔，幼时有毛，后光滑。
- **叶：** 奇数羽状复叶，叶长16～20.6cm；小叶7～9（～11）片，对生或近对生，卵形、倒卵状椭圆形或长卵形，长3.5～6.8（～9.7）cm，先端钝，短渐尖，基部宽楔形或圆形，幼时两面密被灰白色毛，后无毛，稀沿中脉基部被褐色柔毛。
- **芽：** 无顶芽，芽稍扁，芽鳞无毛。
- **花：** 总状花序基部3～4分枝集生，具密集的花；花冠白色；花序梗及花梗密被锈褐色柔毛。
- **果：** 荚果扁平，长3～7.2cm，宽约1.2cm，腹缝无翅或有宽约仅1mm的窄翅，暗褐色，被疏短毛或近无毛，无果柄。
- **种子：** 种子长椭圆形，长约8mm，褐黄色。

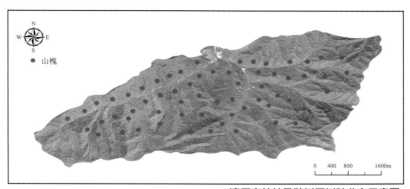

清原森林站马鞍树属树种分布示意图

- **花果期：** 花期6月中旬至7月上旬，果期9月中旬至10月上旬。

本区分布

　　生于清原森林站站区海拔560～900m的混交林内、林缘及溪流附近。

主要特征照片

叶　　叶背

花

枝

果

整株

芽　　干

刺槐属

Robinia

刺槐（洋槐）

Robinia pseudoacacia L.

Black locust, 아까시나무, ハリエンジュ,
Робиния лжеакация

　　刺槐原产美国东部，中国于18世纪末从欧洲引入青岛栽培，现全国各地广泛栽植。材质硬重，抗腐耐磨，宜作枕木、车辆、建筑、矿柱等多种用材；是速生薪炭林树种；又是优良的蜜源植物；为优良固沙保土树种。喜光，不耐阴，有一定的抗旱能力；生长快，萌芽力强，易风倒，适应性强。

主要特征

- **生活型：** 落叶乔木（成树高达10～25m）。
- **树干（树皮）：** 树皮浅裂至深纵裂，稀光滑。
- **枝：** 小枝初被毛，后无毛；具托叶刺。
- **叶：奇数羽状复叶，** 长10～25（～40）cm；小叶2～12对，常对生，椭圆形、长椭圆形或卵形，长2～5cm，先端圆，微凹，基部圆或宽楔形，全缘，幼时被短柔毛，后无毛。
- **花：总状花序腋生，** 长10～20cm，下垂；花芳香；花序轴与花梗被平伏细柔毛；花萼斜钟形，萼齿5，三角形或卵状三角形，密被柔毛；花冠白色，花瓣均具瓣柄，旗瓣近圆形，反折，翼瓣斜倒卵形，与旗瓣几等长，长约1.6cm，龙骨瓣镰状，三角形；雄蕊二体；子房线形，无毛，花柱钻形，顶端具毛，柱头顶生。
- **果：荚果线状长圆形，** 褐色或具红褐色斑纹，扁平，无毛，先

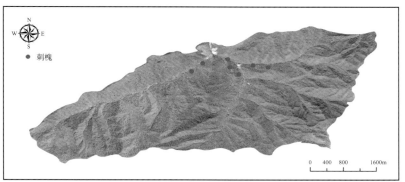

　　● 刺槐

清原森林站刺槐属树种分布示意图

端上弯，果颈短，沿腹缝线具窄翅；花萼宿存，具2～15粒种子。

- **种子**：种子近肾形，种脐圆形，偏于一端。
- **花果期**：花期4月下旬至5月上旬，果期6月上旬至9月中旬。

本区分布

栽植于清原森林站站区海拔560～600m。

主要特征照片

叶

花

果

枝

整株

干

芸香科
RUTACEAE

黄檗（黄柏、黄菠萝）

Phellodendron amurense Rupr.

Amur cork tree, 황벽나무, キハダ,
Бархат амурский

　　黄檗分布于中国东北和华北各地、河南、安徽北部和宁夏，朝鲜、日本和俄罗斯远东地区也有分布。**是国家重点保护野生植物（二级）、中国珍稀濒危植物（二级）和国家珍贵树种（一级）**，是东北三大硬阔用材树种之一；木栓层是制造软木塞的材料，果实可作驱虫剂及染料，树皮内层经炮制后可入药。适应性强，喜光，耐严寒；根系发达，萌发能力较强，能在空旷地更新，而林冠下更新不良。

🔖 主要特征

- **生活型**：落叶乔木（成树高达30m，胸径1m）。
- **树干（树皮）**：枝扩展，**成年树的树皮有厚木栓层**，浅灰或灰褐色，深沟状或不规则网状开裂，**内皮薄，鲜黄色，味苦，黏质**；小枝暗紫红色，无毛。
- **叶**：**奇数羽状复叶对生**，叶轴及叶柄均纤细，有小叶5～13片，小叶薄纸质或纸质，卵状披针形或卵形，长6～12cm，宽2.5～4.5cm，顶部长渐尖，基部阔楔形，一侧斜尖，或为圆形，叶缘有细钝齿和缘毛，叶面无毛或中脉有疏短毛，叶背仅基部中脉两侧密被长柔毛，秋季落叶前叶色由绿转黄而明亮，毛被大多脱落。
- **花**：**花序顶生**；萼片细小，阔卵形，长约1mm；花瓣紫绿色，

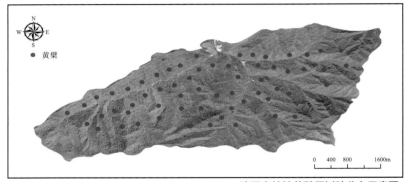

清原森林站黄檗属树种分布示意图

长3～4mm；雄花的雄蕊比花瓣长，退化雌蕊短小。

- **果：** 圆球形，径约1cm，蓝黑色，通常有5～8（～10）浅纵沟，干后较明显；种子通常5粒。
- **花果期：** 花期5月至6月上旬，果期7月中旬至10月中旬。

本区分布

生于清原森林站站区海拔560～900m的山地混交林中或山区河谷沿岸。

主要特征照片

叶枝

叶

果

整株

花

干

枝

芽

槭树科
ACERACEAE

槭属

Acer

簇毛槭（髭脉槭、辽吉槭树、毛脉槭）

***Acer barbinerve* Maxim.**

Barbate-veined maple, 청시닥나무, チョウセンアサノハカエデ,
Клен бородатый

　　簇毛槭分布于中国黑龙江、吉林和辽宁，俄罗斯西伯利亚东部和朝鲜北部也有分布。具有观赏价值和园林用途。喜微酸、湿润、透水性好的砂壤土。**雌雄异株**。

主要特征

- **生活型**：落叶小乔木（成树高 5～12m）。
- **树干（树皮）**：树皮平滑，淡黄色或淡褐色。
- **枝**：小枝细瘦，**当年生枝淡绿色，被稀疏的微柔毛**；多年生枝淡绿色或黄褐色，无毛。
- **叶**：叶纸质，**外貌近于圆形或卵形，长 5～8cm，宽 4～7cm，基部心脏形或近于心脏形，5 裂**；中裂片与两侧裂片锐尖，先端具尾状的尖头，向前直伸；基部的裂片钝尖，向侧面伸展；边缘具粗的钝锯齿；裂片中间的凹缺很狭窄，约成 15°的锐角；上面绿色，无毛，下面淡绿色，被白色的长硬毛及短柔毛，在叶脉上更密，渐老毛则逐渐脱落；叶柄细瘦，长 4～6cm，嫩时被很稀疏的微柔毛，渐老则脱落而成无毛状。
- **芽**：冬芽细小，**鳞片 2 枚，无毛**。
- **花**：**雌雄异株**；花黄绿色，单性；雌花的花序由当年生具叶的小枝顶端生出，成总状花序；花梗长 1～2cm，被微柔毛；雄花成密伞花序，系由 2 年生无叶的老枝上生出，每花序具花 5～6 朵，稀

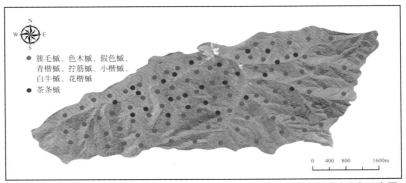

清原森林站槭属树种分布示意图

更多；萼片4枚，长圆形，长4mm，边缘微被白色纤毛，花瓣4瓣，倒卵状椭圆形，长4～5mm，基部狭窄成爪状，雄花有雄蕊4枚，较长于花瓣而伸出于其外，花丝纤细无毛，花药黄色，近于卵形；花盘4裂，粉色，无毛，位于雄蕊的内侧；雌花的子房无毛，花柱无毛，长2mm，2裂，柱头反卷。

- **果：翅果淡绿色或黄绿色，常5～7枚**组成长5cm的下垂总状果序；总果梗长4～5cm；小坚果近球形，脉纹显著；翅长圆形，宽8～10mm，连同小坚果长3.5～4cm，张开成钝角；果梗长1～2cm，纤细，无毛。

- **花果期：**花期4月中下旬至5月上旬，果期6月中旬至9月中旬。

本区分布

生于清原森林站站区海拔560～1100m的林缘或疏林中。

主要特征照片

小楷槭

***Acer komarovii* Pojark.**

Komarov snakebark maple, 시닥나무, チョウセンミネカエデ,
Клен Комарова

　　小楷槭分布于中国吉林和辽宁，俄罗斯和朝鲜北部也有分布。具有观赏价值，常适于小型庭院的造景。**雌雄异株**。

◤ 主要特征

- **生活型**：落叶小乔木（高约6m）。
- **树干（树皮）**：树皮光滑，灰色。
- **枝**：小枝细瘦，无毛；当年生枝紫色或紫红色；多年生枝紫褐色或紫黄色。
- **叶**：叶纸质，三角状卵形或长卵圆形，长6～10cm，宽6～8cm，**常5裂，稀3裂，裂片先端短尾尖，基部心形或近心形，密生锐尖锯齿**，上面深绿色，无毛；下面淡绿色，嫩时脉腋上被红褐色短柔毛；叶柄长4～5cm，紫或红紫色。
- **芽**：冬芽紫色，椭圆形。
- **花**：总状花序，顶生，花黄绿色，**单性，雌雄异株**。
- **果**：翅果嫩时紫红色，成熟后黄褐色，7～10枚成总状果序；小坚果微扁平，长8mm，宽5mm，排列几成水平状；翅连同小坚果长2～2.5cm，宽1～1.2cm，张开呈钝角。果梗细瘦，红褐色，长7mm。
- **花果期**：花期5月中旬至6月上旬，果期7月上旬至9月中下旬。

⚲ 本区分布

　　生于清原森林站站区海拔560～1100m的疏林中。

▣ 主要特征照片

枝　叶　花　整株　干　果

白牛槭（东北槭、关东槭）

Acer mandshuricum **Maxim.**

Manchurian maple, 복장나무, マンシュウカエデ,
Клен маньчжурский

　　白牛槭分布于中国黑龙江、吉林、辽宁和甘肃东南部，朝鲜北部和俄罗斯西伯利亚东部也有分布。是中国东北地区重要的秋天观叶树种，城市园林绿化的理想树种。

主要特征

- **生活型：**落叶乔木（高达20m）。
- **树干（树皮）：**树干挺拔，树冠分枝整齐；树皮灰色至灰褐色，粗糙，细纹纵裂。
- **枝：幼枝紫褐色，无毛，老枝灰色，具长圆形点状皮孔。**
- **叶：**三出复叶，对生，小叶纸质，长圆状披针形，长5～10cm，宽1.5～3cm，**先端渐尖，顶生小叶基部楔形**，侧生小叶基部稍偏斜，具钝锯齿，下面被白粉，**沿中脉被柔毛**；叶柄长4～7cm，红褐色，无毛。
- **芽：**长卵形，长达5mm，锐尖、褐色；鳞片卵形，无毛。
- **花：**伞房花序具3～5花；花黄绿色，杂性，雄花与两性花异株；萼片长圆状卵形，长7mm；花瓣长圆状倒卵形，雄蕊8枚，生于雄花者长1cm；两性花雄蕊短，子房无毛，紫色。
- **果：**翅果褐色，长约3.8cm；小坚果突起呈馒头状，直径6mm，翅外缘具明显突起的细脉纹，稍有光泽；翅长3cm，宽约1cm，翅开展近直角；果梗红褐色，长约2.5cm。
- **花果期：**花期6月中旬至7月上旬，果期7月中旬至9月中下旬。

本区分布

　　生于清原森林站站区海拔560～1100m的针阔混交林或阔叶林中。

主要特征照片

叶

叶背

枝

整株

果

色木槭（五角枫）

Acer pictum subsp. _mono_ (Maxim.) H. Ohashi

Mono maple, 고로쇠나무, エゾイタヤ,
Клен мелколистный

色木槭分布于中国东北、华北和长江流域各地，蒙古、朝鲜、日本和俄罗斯西伯利亚东部也有分布。是北方重要的秋天赏叶树种，可作园林绿化庭院树、行道树和风景林树种。稍耐阴，深根性，喜湿润肥沃土壤，在酸性、中性、石炭岩上均可生长。萌蘖性强。

主要特征

- **生活型**：落叶乔木（高达15～20m）。
- **树干（树皮）**：树皮粗糙，常纵裂，灰色，稀深灰色或灰褐色。
- **枝**：**小枝细瘦，无毛，当年生枝绿色或紫绿色，多年生枝灰色或淡灰色，具圆形皮孔。**
- **叶**：叶纸质，**基部截形或近于心脏形，叶片的外貌近于椭圆形，长6～8cm，宽9～11cm，常5裂，有时3裂及7裂的叶生于同一树上**；裂片卵形，先端锐尖或尾状锐尖，全缘，裂片间的凹缺常锐尖，深达叶片的中段，上面深绿色，无毛，下面淡绿色，除了在叶脉上或脉腋被黄色短柔毛外，其余部分无毛；主脉5条，在上面显著，在下面微凸起，侧脉在两面均不显著；叶柄长4～6cm，细瘦，无毛。
- **芽**：冬芽近于球形，鳞片卵形，外侧无毛，边缘具纤毛。
- **花**：花多数，杂性，雄花与两性花同株，多数常成无毛的顶生圆锥状伞房花序，长与宽均约4cm，生于有叶的枝上，花序的总花梗长1～2cm，花的开放与叶的生长同时；萼片5枚，黄绿色，长圆形，顶端钝，长2～3mm；花瓣5瓣，淡白色，椭圆形或椭圆倒卵形，长约3mm；雄蕊8枚，无毛，比花瓣短，位于花盘内侧的边缘，花药黄色，椭圆形；子房无毛或近于无毛，在雄花中不发育，花柱无毛，很短，柱头2裂，反卷；花梗长1cm，细瘦，无毛。
- **果**：翅果嫩时紫绿色，成熟时淡黄色；小坚果压扁状，长1～1.3cm，宽5～8mm；翅长圆形，宽5～10mm，连同小坚果长2～2.5cm，**张开呈锐角或近于钝角。**
- **花果期**：花期5月中下旬至6月上旬，果期7月上旬至9月中下旬。

本区分布

生于清原森林站站区海拔560～1100m的混交林中。

主要特征照片

枝

果

花

干

叶

整株

假色槭（紫花槭）

Acer pseudosieboldianum (Pax) Kom.

Purple-flowered maple, 당단풍나무, チョウセンハウチワカエデ, Клен ложнозибольдов

假色槭分布于中国黑龙江东部至东南部、吉林东南部和辽宁东部，俄罗斯东部和朝鲜北部也有分布。是蜜源植物，优良的庭院观赏树种之一。喜光，稍耐阴，耐寒；耐干旱，耐瘠薄土壤。

主要特征

- **生活型**：落叶小乔木或灌木（成树高达8m）。
- **树干（树皮）**：树冠整齐而浓密；树皮粗糙，灰褐色，不裂。
- **枝**：幼枝红褐色，密生白色绒毛；老枝呈灰褐色，被有白色蜡粉。
- **叶**：叶纸质，近圆形，宽6～10cm，基部心形或深心形，9～11**裂，裂片三角形或卵状披针形，先端渐尖，具尖锐重锯齿**，上面深绿色，下面淡绿色，幼时两面被白色绒毛，老时仅下面叶脉疏被毛；叶柄细，长3～4cm，幼时密被绒毛，后脱落近无毛。
- **芽**：卵形，淡红色，上部呈喙状接合；鳞片6枚，卵形，外侧密被淡黄色毛。
- **花**：紫色，杂性，**雄花与两性花同株**；伞房花序被毛，径3～4cm，总花梗紫色，被柔毛；萼片披针形，紫或紫绿色；花瓣倒卵形，白或淡黄白色；雄蕊8枚，长4mm，花丝紫色，无毛；子房疏被白色柔毛。
- **果**：翅果嫩时紫色，成熟时紫黄色；小坚果凸起，脉纹显著，长5～7mm，宽4～5mm；翅倒卵形，基部狭窄，连同小坚果长2～2.5cm，宽5～6mm，张开近90°，果梗长1～2cm，细瘦。
- **花果期**：花期5月中旬至6月上旬，果期7月上旬至9月中下旬。

本区分布

生于清原森林站站区海拔560～1100m的混交林中。

主要特征照片

叶

叶枚

枝

花

干

果

整株

茶条槭（茶条）

Acer tataricum subsp. ginnala (Maxim.) Wesm.

Amur maple, 신나무, チョウセンカラコギカエデ,
Клен приречный

茶条槭分布于中国黑龙江、吉林、辽宁、内蒙古、河北、山西、河南、陕西和甘肃，蒙古、朝鲜、日本和俄罗斯西伯利亚东部也有分布。是北方优良的观赏绿化树种。喜光树种，耐寒，喜湿润土壤，耐旱，耐瘠薄，抗性强，适应性广。

主要特征

- **生活型**：落叶小乔木或灌木状（成树高达5～6m）。
- **树干（树皮）**：树皮灰色，粗糙。
- **枝**：小枝细瘦，近圆柱形，无毛；当年生枝绿色或紫绿色；多年生枝淡黄色或黄褐色，皮孔椭圆形或近于圆形、淡白色。
- **叶**：叶纸质，卵圆形，长6～10cm，宽4～6cm，羽状3～5深裂，先端渐尖，基部圆形或心形，中央裂片锐尖或狭长锐尖，侧裂片通常钝尖，具不整齐粗锯齿，上面深绿色，无毛，下面淡绿色，近无毛，主脉和侧脉均在下面较在上面显著；叶柄长4～5cm，细瘦，绿色或紫绿色，无毛。
- **芽**：冬芽细小，淡褐色，鳞片8枚，近边缘具长柔毛，覆叠。
- **花**：伞房花序具多花，无毛；花杂性，雄花与两性花同株；萼片卵形，黄绿色，边缘被长柔毛；花瓣5，长圆卵形，白色，较萼片长；雄蕊与花瓣近等长；子房密被长柔毛。
- **果**：果实黄绿色或黄褐色；小坚果嫩时被长柔毛，脉纹显著，长8mm，宽5mm；翅连同小坚果长2.5～3cm，宽8～10mm，中段较宽或两侧近平行，张开近直立或呈锐角。
- **花果期**：花期5月中下旬至6月上旬，果期7月上旬至10月中旬。

本区分布

生于清原森林站站区海拔560～800m的林缘。

主要特征照片

干

叶

果

枝

花

青楷槭 （青楷子、辽东槭）

Acer tegmentosum **Maxim.**

Tegmentose maple, 산겨릅나무, マンシュウウリハダカエデ,
Клен зеленокорый

青楷槭分布于中国黑龙江、吉林和辽宁，俄罗斯西伯利亚东部和朝鲜北部也有分布。是优良的观赏树种之一。喜阴，喜湿润地带，耐寒，不耐贫瘠，不耐干旱。

主要特征

- **生活型**：落叶乔木（成树高达 15m）。
- **树干（树皮）**：树皮灰至深灰色，平滑，具裂纹。
- **枝**：小枝无毛，当年生小枝紫色或紫绿色，多年生枝黄绿色或灰褐色。
- **叶**：叶纸质，近圆形或卵形，长 10～12cm，宽 7～9cm，3～7裂（多5裂），裂片三角形，先端具短尖头，基部圆形或近心形，具钝尖重锯齿，上面深绿色，无毛，下面淡绿色，脉腋具淡黄色簇生毛，基脉 5 出，侧脉 7～8 对；叶柄长 4～7（～13）cm，无毛。
- **芽**：冬芽椭圆形；鳞片浅褐色，无毛。
- **花**：花黄绿色，杂性，雄花与两性花同株；总状花序无毛。
- **果**：翅果无毛，黄褐色；小坚果微扁平；翅连同小坚果长 2.5～3cm，宽 1～1.3cm，张开呈钝角或近于水平；果梗细瘦，长约 5mm。
- **花果期**：花期 4 月下旬至 5 月中旬，果期 6 月上旬至 9 月中下旬。

本区分布

生于清原森林站站区海拔 560～1000m 的混交林内或林缘。

主要特征照片

叶

花

干

果

枝

整株

拧筋械（三花械）

Acer triflorum **Komarov**

Thriflowered maple, 나도박달, オニメグスリ,
абсорбер

拧筋械分布于中国黑龙江、吉林和辽宁，日本、朝鲜、俄罗斯和蒙古也有分布。是蜜源植物，优良的观赏树种。喜光，稍耐阴，耐寒，喜湿润、肥沃土壤，不耐旱，适应性广。

主要特征

- **生活型：** 落叶乔木（成树高达 25m）。
- **树干（树皮）：** 树皮褐色，常成薄片脱落。
- **枝：** 小枝圆柱形，有圆形或卵形皮孔；当年生枝紫色或淡紫色，嫩时有稀疏的疏柔毛；多年生枝淡紫褐色。
- **叶：** 三出复叶，小叶纸质，长圆卵形或长圆状披针形，长 7～9cm，宽 2.5～3.5cm，先端渐尖，中部以上疏生粗钝齿，稀全缘，顶生小叶基部楔形，小叶柄长 5～7mm，侧生小叶基部斜，小叶柄长 1～2mm，上面绿色，嫩时除沿叶脉有很稀疏的疏柔毛外，其余部分无毛；下面淡绿色，略有白粉，沿叶脉有白色疏柔毛；叶柄淡紫色，长 5～7cm，近无毛。
- **芽：** 冬芽细小，鳞片边缘纤毛状，覆瓦状排列。
- **花：** 花序伞房状，花序具 3 花，花杂性，雄花与两性花异株。
- **果：** 小坚果近球形，被淡黄色柔毛，连翅长 4～4.5cm，翅宽 1.6cm，两翅呈锐角或近直角，果梗长 1.5～2cm，有疏柔毛。
- **花果期：** 花期 4 月中下旬至 5 月中旬，果期 6 月上旬至 9 月中下旬。

本区分布

生于清原森林站站区海拔 560～1100m 的混交林中。

主要特征照片

叶

叶背

花

整株

干

果

枝

花楷械

Acer ukurunduense Trautv. et Mey.

Ukurundu maple, 부게꽃나무, オガラバナ,
Клен укурунду

花楷械分布于中国黑龙江、吉林和辽宁，朝鲜、日本和俄罗斯西伯利亚东部也有分布。是中国东北地区重要的秋季观叶树种，也可用作行道树或园景树。稍喜阴，并喜较湿润地。**雌雄异株**。

主要特征

- **生活型**：落叶乔木（通常高8～10m，稀达15m）。
- **树干（树皮）**：树皮粗糙，灰褐色或深褐色，常裂成薄片脱落。
- **枝**：小枝细瘦，当年生枝紫色或紫褐色，常有黄色短柔毛，多年生枝褐色或深褐色，无毛或近无毛。
- **叶**：叶膜质或纸质，近圆形，长10～12cm，宽7～9cm，5（7）**深裂**，基部心形，裂片宽卵形，先端尖，具粗锯齿及重锯齿，上面深绿色，近无毛，下面淡绿色或黄绿色，基脉5出；叶柄长5～10cm。

- **芽**：冬芽短圆锥形，深紫色，被黄色柔毛。
- **花**：总状圆锥花序顶生，黄绿色，单性，**雌雄异株**，长达10cm，直立，被柔毛；萼片淡黄绿色，披针形，长2mm，微被柔毛；花瓣白色，微淡黄，倒披针形，长3mm；雄蕊无毛；花盘微裂；位于雄蕊外侧，子房密被绒毛。
- **果**：翅果幼时淡红色，熟后黄褐色，小坚果微被毛，果核径6mm，连翅长1.5～2cm，**两翅呈直角**。
- **花果期**：花期5月中下旬至6月上旬，果期6月下旬至9月中下旬。

本区分布

生于清原森林站站区海拔560～1100m的混交林中。

主要特征照片

叶　叶背　干　枝

果

花

整株

卫矛科
CELASTRACEAE

刺苞南蛇藤 （刺南蛇藤）

南蛇藤属 *Celastrus*

Celastrus flagellaris Rupr.
Hooked-spine bittersweet, 푼지나무, イワウメヅル,
Древогубец плетеобразный

刺苞南蛇藤分布于中国黑龙江、吉林、辽宁和河北，朝鲜、日本和俄罗斯远东地区也有分布。植株姿态优美，具有较高的观赏价值，是城市垂直绿化的优良树种；可入药。喜光耐阴，抗寒耐旱，对土壤要求不严。

主要特征

- **生活型**：藤状灌木。
- **枝**：小枝光滑、无毛。
- **叶**：叶宽椭圆形或卵状宽椭圆形，长3～6cm，先端短尖或短渐尖，基部渐窄，边缘具纤毛状细锯齿，齿端常成细硬刺状，侧脉4～5对，沿主脉有时被毛；叶柄长1～3cm。
- **芽**：冬芽小，钝三角状，最外一对芽鳞宿存，并特化成坚硬钩刺，长1.5～2.5mm，在1年生小枝上芽鳞刺最明显。
- **花**：聚伞花序腋生，有1～5花或更多；花序近无梗或具1～2mm长的短梗；花梗长2～5mm，关节位于中下部；雄花萼片长圆形，长约1.8mm；花瓣长圆状倒卵形，长3～3.5mm；花盘浅杯状，顶端近平截；雄蕊稍长于花冠，退化雌蕊细小，雌花中子房球形，退化雄蕊长约1mm。
- **果**：蒴果球形，径2～8mm。
- **种子**：种子近椭圆形，长约3mm，棕色。

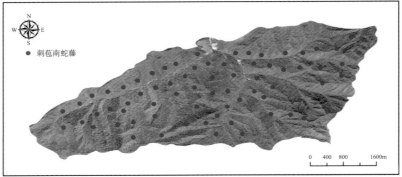

清原森林站南蛇藤属树种分布示意图

- **花果期：**花期4月下旬至5月中旬，果期6月中旬至9月中旬。

🖼 **主要特征照片**

📍 **本区分布**

　　生于清原森林站站区海拔560～1100m的山谷、河岸低湿地的林缘或灌丛中。

叶　　叶背

花

果

茎

整株

卫矛（鬼箭羽）

***Euonymus alatus* (Thunb.) Sieb.**

Winged euonymus, 화살나무，ニシキギ，
Бересклет крылатый

　　卫矛分布于中国吉林、辽宁、河北、陕西、甘肃、山东、江苏、安徽、浙江、湖北、湖南、四川、贵州、云南等地，日本和朝鲜也有分布。带栓翅的枝条可入药。喜光，也稍耐阴；能耐干旱、瘠薄和寒冷，在中性、酸性及石灰性土上均能生长；萌芽力强，耐修剪，对二氧化硫有较强抗性。

主要特征

- **生活型：**落叶灌木（高1～3m）。
- **枝：小枝具2～4列宽木栓翅。**
- **叶：**叶对生，纸质，卵状椭圆形或窄长椭圆形，稀倒卵形，长2～8cm，宽1～3cm，**具细锯齿，先端尖，基部楔形或钝圆，两面无毛，**侧脉7～8对；叶柄长1～3mm。
- **芽：**冬芽圆形，长2mm左右，芽鳞边缘具不整齐细坚齿。
- **花：**聚伞花序1～3花；花序梗长约1cm，小花梗长5mm；花白绿色，直径约8mm，4数；萼片半圆形；花瓣近圆形；雄蕊着生花盘边缘处，花丝极短，开花后稍增长，花药宽阔长方形，2室顶裂。
- **果：**蒴果1～4深裂，裂瓣椭圆形，长7～8mm，具1～2粒种子。
- **种子：**种子红棕色，椭圆形或宽椭圆形；种皮褐色或浅棕红

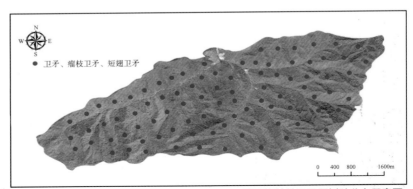

● 卫矛、瘤枝卫矛、短翅卫矛

　　　　　　　　　　　　0　400　800　　1600m

清原森林站卫矛属树种分布示意图

色，全包种子。

- **花果期：**花期5月中旬至6月上旬，果期7月下旬至9月中旬。

📍 **本区分布**

　　生于清原森林站站区海拔560～1100m的混交林中，清原森林站广布种。

枝

叶

果

花

干

整株

短翅卫矛

Euonymus rehderianus Loes.

Rehder euonymus, 짧은 날개 달린 장창, 短翅の槍,
Короткие крылатые копья

短翅卫矛分布于中国辽宁、山东、河南、江苏和浙江，黑龙江有栽培，**是中国的特有植物。**木材材质微密，可供细木工用，也是庭院绿化树种。

主要特征

- **生活型：**落叶小灌木（高2～8m）。
- **枝：枝绿色或黄绿色。**
- **叶：**叶革质，长方椭圆形、窄长圆形，少为长方卵形，长4～10cm，宽4～5cm，先端渐尖或短渐尖，**基部楔形至圆楔形，近全缘或叶片上半部有细小锯齿，叶脉不显；**叶柄长5～10mm。
- **花：**聚伞花序腋生；花序梗细长，长3～6cm，1～2次3出分枝；小花梗长1～1.5cm；花紫色或紫绿色，5数，直径5～6mm；花盘5浅裂；雄蕊无花丝；子房扁阔稍呈五角状，柱头圆头状，无花柱。
- **果：**蒴果近扁球状，熟时淡橘红色，4深裂；假种皮红色，直径10～13mm，5翅宽短，翅长约5mm。
- **花果期：**花期6月中下旬，果期7月中旬至10月上旬。

本区分布

生于清原森林站站区海拔560～1100m的山坡沟边或混交林中。

主要特征照片

整株

花

叶

干

果

瘤枝卫矛

Euonymus verrucosus Scop.

Wartybark-like euonymus, 회목나무, イトマユミ,
Бересклет бородавчатый

瘤枝卫矛分布于中国黑龙江、吉林、辽宁、陕西和甘肃，朝鲜、韩国和俄罗斯远东地区也有分布。根皮可作杀虫剂；也可用作庭院绿化树种。

主要特征

- **生活型：**落叶小灌木（高1～3m）。
- **枝：**小枝常被黑褐色长圆形木栓质扁瘤突。
- **叶：**叶纸质，倒卵形或长方倒卵形，长3～6cm，先端长渐尖，基部阔楔形或近圆形，边缘有细密浅锯齿，侧脉4～7对，纤细，叶片两面被密柔毛；叶近无柄。
- **花：**聚伞花序1～3花，花序梗长2～3cm，中央花常无梗；花紫红色或红棕色，直径6～8mm；萼片有缘毛；花瓣近圆形；花盘扁平圆形；雄蕊着生花盘近边缘处，无花丝；子房大部生于花盘内，柱头小。
- **果：**蒴果黄色或极浅黄色，倒三角状，上部4裂稍深；种子长方椭圆状，长约6mm，棕红色，假种皮红色，包围种子全部。
- **花果期：**花期6月中下旬，果期7月下旬至9月上旬。

本区分布

生于清原森林站站区海拔560～1100m的山坡阔叶林或针阔混交林中。

主要特征照片

叶　枝　花　干　果

鼠李科
RHAMNACEAE

鼠李（牛李子、女儿茶、老鹳眼、大绿、臭李子）

***Rhamnus davurica* Pall.**

Davurian buckthorn, 갈매, クロツバラ,
Жестер даурский

鼠李分布于中国黑龙江、吉林、辽宁、河北和山西，蒙古、朝鲜和俄罗斯西伯利亚及远东地区也有分布。是优良的园林绿化灌木；树皮、根、叶和果实可入药。适应性强，耐寒、耐旱、耐瘠薄；深根性树种，适生于湿润而富有腐殖质的微酸性砂质土壤。**雌雄异株。**

🔺 主要特征

- **生活型**：落叶灌木或小乔木（高达10m）。
- **枝**：幼枝无毛，小枝对生或近对生，褐色或红褐色，稍平滑，**枝顶端常有大的芽而不形成刺**，或有时仅分叉处具短针刺。
- **叶**：叶纸质，对生或近对生，或在短枝上簇生，宽椭圆形或卵圆形，稀倒披针状椭圆形，长4～13cm，宽2～6cm，顶端突尖或短渐尖至渐尖，稀钝或圆形，基部楔形或近圆形，有时稀偏斜，边缘具圆齿状细锯齿，齿端常有红色腺体，上面无毛或沿脉有疏柔毛，下面沿脉被白色疏柔毛，侧脉每边4～5（6）条，两面凸起，网脉明显；叶柄长1.5～4cm，无毛或上面有疏柔毛。
- **芽**：顶芽及腋芽较大，卵圆形，长5～8mm，鳞片淡褐色，有明显的白色缘毛。
- **花**：花单性，4基数，有花瓣；雌花1～3腋生或数朵至20余朵

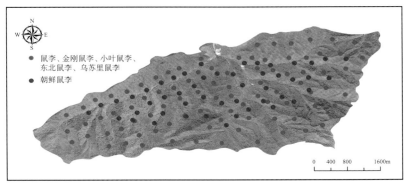

鼠李、金刚鼠李、小叶鼠李、
东北鼠李、乌苏里鼠李

朝鲜鼠李

0   400   800   1600m

清原森林站鼠李属树种分布示意图

簇生短枝；花梗长7～8mm；有退化雄蕊，花柱2～3浅裂或半裂；花梗长7～8mm。

- **果：核果球形，黑色**，直径5～6mm，具2分核，基部有宿存的萼筒；果梗长1～1.2cm。
- **种子：**种子卵圆形，黄褐色，背侧有与种子等长的狭纵沟。

- **花果期：**花期5月下旬至6月上旬，果期7月下旬至10月上旬。

📍 **本区分布**

　　生于清原森林站站区海拔560～1100m的林下、灌丛或林缘和沟边阴湿处。

🖼 **主要特征照片**

叶背　叶　花　果　枝　整株　干

金刚鼠李

Rhamnus diamantiaca Nakai

Diamond buckthorn, 산갈매나무, イヌクロウメモドキ,
Жестер диамантский

金刚鼠李分布于中国黑龙江、吉林和辽宁，朝鲜、日本和俄罗斯远东地区也有分布。是优良的园林绿化灌木，树皮和果实可入药。适生于湿润而富有腐殖质的微酸性砂质土壤。**雌雄异株**。

主要特征

- **生活型**：灌木（高达10m）。
- **树干（树皮）**：全株近无毛。
- **枝**：小枝对生或近对生，暗紫色，平滑而有光泽，枝端具针刺。
- **叶**：叶纸质或薄纸质，对生或近对生，近圆形、卵圆状菱形，长3～7cm，宽1.5～3.5（4.5）cm，顶端突尖或渐尖，基部楔形或近圆形，边缘具圆齿状锯齿，上面沿中脉有疏柔毛，下面脉腋有疏柔毛，侧脉每边4～5条；叶柄长1～2（3）cm，无毛；托叶线状披针形，边缘有缘毛，早落。
- **芽**：长枝的腋芽小，鳞片无毛。
- **花**：花单性，4基数，有花瓣，通常数个簇生于短枝端或长枝下部叶腋；花梗长3～4mm。
- **果**：核果近球形或倒卵状球形，长约6mm，直径4～6mm，黑色或紫黑色，具1或2分核，基部具宿存的萼筒；果梗长7～8mm。
- **种子**：黑褐色，背侧有长为种子1/4～1/3的短沟，上部有沟缝。
- **花果期**：花期5月下旬至6月上旬，果期7月下旬至9月下旬。

本区分布

生于清原森林站站区海拔560～1100m的林下、灌丛或林缘和沟边阴湿处。

主要特征照片

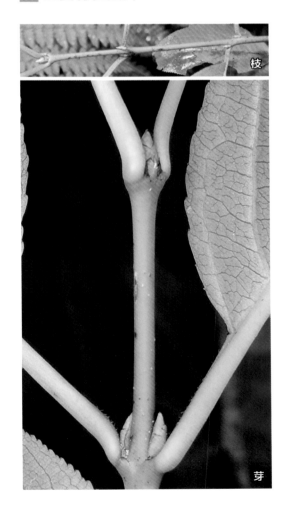

叶

叶背

果

花

整株

干

朝鲜鼠李

***Rhamnus koraiensis* Schneid.**

Korean buckthorn, 조선쥐리, マルバクロウメモドキ,
Северная Корея Ли

朝鲜鼠李分布于中国吉林、辽宁和山东，朝鲜也有分布。是优良的园林绿化灌木，树皮和果实可入药。耐阴喜湿。**雌雄异株**。

主要特征

- **生活型**：灌木（最高达2m）。
- **枝**：枝互生，灰褐色或紫黑色，平滑，稍有光泽，**枝端具针刺，当年生枝被微毛或无毛**。
- **叶**：叶纸质或薄纸质，互生或在短枝上簇生，宽椭圆形、倒卵状椭圆形或卵形，长4~8cm，宽2.5~4.5cm，顶端短渐尖或近圆形，基部宽楔形或近圆形，边缘有圆齿状锯齿，两面或沿脉被短柔毛，侧脉每边4~6条，两面凸起，网脉不明显；叶柄长7~25mm，被密短柔毛；托叶长线形，早落。
- **芽**：芽小，卵圆形，长3~4mm。
- **花**：花单性，4基数，有花瓣，黄绿色，被微毛；花梗长5~6mm，被短毛；雄花数个至10余个簇生于短枝端，或1~3个生于长枝下部叶腋；雌花数个至10余个簇生于短枝顶端或当年生枝下部，花柱2浅裂或半裂。
- **果**：核果倒卵状球形，长6mm，直径5~6mm，紫黑色，具2（稀1）分核，基部有宿存的萼筒；果梗长7~14mm，有疏短柔毛。
- **种子**：暗褐色，背面仅基部有长为种子1/4~2/5的短沟。
- **花果期**：花期4月下旬至5月中旬，果期6月下旬至9月中旬。

本区分布

生于清原森林站站区海拔560~800m的混交林或灌丛中。

主要特征照片

叶

叶背

芽

花

果

整株

小叶鼠李 （叫驴子、麻绿、琉璃枝、驴子刺）

Rhamnus parvifolia Bunge

Small-leaved buckthorn, 돌갈매나무, イワクロウメモドキ,
Жестер мелколистный

小叶鼠李分布于中国黑龙江、吉林、辽宁、内蒙古、河北、山西、山东、河南和陕西，蒙古、朝鲜和俄罗斯西伯利亚也有分布。是一种多功能园林绿化植物。喜光，耐阴、耐寒，适应性强。**雌雄异株**。

主要特征

- **生活型**：灌木（最高1.5～2.0m）。
- **枝**：小枝对生或近对生，紫褐色，初时被短柔毛，后变无毛，平滑，稍有光泽，枝端及分叉处有针刺。
- **叶**：叶纸质，对生或近对生，稀兼互生，或在短枝上簇生，**菱状倒卵形或菱状椭圆形，稀倒卵状圆形或近圆形**，长1.2～4cm，先端钝尖或近圆，稀突尖，具细圆齿，上面无毛或被疏柔毛，下面干后灰白色，无毛或脉腋窝孔内有疏微毛，侧脉2～4对，两面突起；叶柄长0.4～1.5cm，上面沟内有细柔毛，托叶钻状，有微毛。
- **芽**：芽卵形，长达2mm，鳞片数个，黄褐色。
- **花**：花单性，黄绿色，4基数，有花瓣，通常数个簇生于短枝上；花梗长4～6mm，无毛；雌花花柱2半裂。
- **果**：核果倒卵状球形，直径4～5mm，成熟时黑色，具2分核，基部有宿存的萼筒。
- **种子**：矩圆状倒卵圆形，褐色，背侧有长为种子4/5的纵沟。
- **花果期**：花期4月下旬至5月中旬，果期6月下旬至9月上旬。

本区分布

生于清原森林站站区海拔560～1100m的向阳山坡、草丛或灌丛中。

主要特征照片

果　叶　叶背　干

花

枝

芽

整株

东北鼠李

Rhamnus schneideri **var.** *manshurica* **Nakai**

Schneider buckthorn, 짝자래나무, キビノクロウメモドキ,
Северо-восточная крыса Ли

东北鼠李分布于中国吉林、辽宁、河北、山西和山东。是一种多功能园林绿化植物。喜光，稍耐阴、耐寒、耐干旱，适应性强。**雌雄异株**。

主要特征

- **生活型**：落叶灌木（高2～3m）。
- **枝**：枝互生，幼枝绿色，无毛或基部被疏短毛；小枝暗紫色，平滑无毛，有光泽，枝端具针刺。
- **叶**：叶纸质或近膜质，互生，较小，椭圆形、倒卵形或卵状椭圆形，长2.5～8cm，宽2～4cm，顶端突尖、短渐尖或渐尖，稀锐尖，基部楔形或近圆形，边缘有圆齿状锯齿，上面绿色，被白色糙伏毛，下面浅绿色，沿脉或脉腋被疏短毛，侧脉3～4（5）对；叶柄长6～15mm，上面有沟，被短柔毛；托叶条形，脱落。
- **芽**：芽卵圆形，**鳞片数个**，边缘有缘毛。
- **花**：花单性，**雌雄异株**，黄绿色，4基数，有花瓣，通常数个至10余个簇生于短枝上；雌花花梗长9～13mm，无毛；萼片披针形，长约3mm，常反折；子房倒卵形，花柱2浅裂或半裂。
- **果**：核果倒卵状球形或圆球形，黑色，具2分核，基部有宿存的萼筒；果梗较短，长6～8mm，无毛。
- **种子**：深褐色，背面基部有长为种子1/5的短沟，上部有沟缝。
- **花果期**：花期5月中旬至6月中旬，果期7月中旬至10月上旬。

本区分布

生于清原森林站站区海拔560～1100m的向阳山坡或灌丛中。

主要特征照片

叶

干

枝

花

果

整株

乌苏里鼠李 （老鸹眼、老乌眼）

Rhamnus ussuriensis J. Vass.

Ussuri buckthorn, 우슬리, クロツバラ,
Жестер уссурийский

乌苏里鼠李分布于中国黑龙江、吉林、辽宁、内蒙古、河北北部和山东，俄罗斯西伯利亚及远东地区、朝鲜和日本也有分布。树皮具药用价值，种子榨油；木材坚硬，可作车辆、辘轳、细工雕刻等用。喜光，耐寒、耐干旱，适应性强。**雌雄异株**。

主要特征

- **生活型**：灌木（高达5m）。
- **树干（树皮）**：全株无毛或近无毛。
- **枝**：小枝灰褐色，无光泽，**枝端常有刺，对生或近对生**。
- **叶**：叶纸质，**对生或近对生，或在短枝端簇生**，狭椭圆形或狭矩圆形，稀披针状椭圆形或椭圆形，长3～10.5cm，宽1.5～3.5cm，顶端锐尖或短渐尖，基部楔形或圆形，稍偏斜，边缘具钝或圆齿状锯齿，齿端常有紫红色腺体，两面无毛或仅下面脉腋被疏柔毛，侧脉每边4～5条，稀6条，两面突起，具明显的网脉；叶柄长1～2.5cm；托叶披针形，早落。
- **芽**：**腋芽和顶芽卵形，具数个鳞片**，鳞片边缘无毛或近无毛，长3～4mm。
- **花**：花单性，**雌雄异株**，4基数，有花瓣；花梗长6～10mm；雌花数个至20余个，簇生于长枝下部叶腋或短枝顶端，萼片卵状披针形，长于萼筒的3～4倍，有退化雄蕊，花柱2浅裂或

近半裂。
- **果**：核果球形或倒卵状球形，径5～6mm，黑色，具2分核，萼筒宿存；果柄长0.6～1cm。
- **种子**：卵圆形，背侧基部有短沟，上部有沟缝，与内果皮贴生；种沟周围无明显软骨质边缘。
- **花果期**：花期4月下旬至6月上旬，果期6月下旬至10月上旬。

本区分布

生于清原森林站站区海拔560～1100m的河边、山地林中或山坡灌丛。

主要特征照片

干　枝

叶　　叶背　　果

整株

葡萄科
VITACEAE

山葡萄

***Vitis amurensis* Rupr.**

Amur grape, 왕머루, チョウセンヤマブドウ,
Виноград амурский

　　山葡萄分布于中国黑龙江、吉林、辽宁、河北、山西、山东、安徽和浙江。果实可鲜食和酿酒。耐旱怕涝，适生于排水良好、土层深厚的土壤。

主要特征

- **生活型：**藤本（长达40m）。
- **枝：小枝圆柱形，无毛；**嫩枝疏被蛛丝状绒毛。
- **叶：卷须2～3叉分枝，每隔2节间断与叶对生。**叶阔卵圆形，浅裂或中裂，或不分裂，叶片或中裂片顶端急尖或渐尖，裂片基部常缢缩或间有宽阔，裂缺凹成圆形，稀呈锐角或钝角，叶基部心形，基缺凹成圆形或钝角，边缘每侧有粗锯齿，齿端急尖，微不整齐，上面绿色，初时疏被蛛丝状绒毛，以后脱落；基生脉5出，中脉有侧脉5～6对，上面明显或微下陷，下面突出，网脉在下面明显，除最后一级小脉外，或多或少突出，常被短柔毛或脱落几无毛；叶柄初时被蛛丝状绒毛，以后脱落无毛；托叶膜质，褐色，顶端钝，边缘全缘。
- **花：**圆锥花序疏散，与叶对生，基部分枝发达，长5～13cm，初被蛛丝状绒毛；花萼蝶形，近全缘，无毛；花瓣呈帽状黏合脱落；花盘5裂，子房圆锥形。
- **果：果球形，径1～1.5cm，成熟时黑色。**

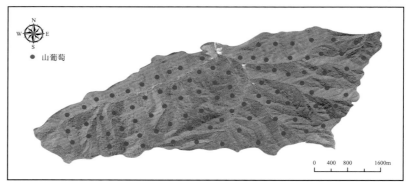

清原森林站葡萄属树种分布示意图

- **种子：** 种子倒卵圆形，顶端微凹，基部有短喙，腹面两侧洼穴向上达种子中部或近顶端。
- **花果期：** 花期5月下旬至6月中旬，果期7月下旬至9月下旬。

本区分布

生于清原森林站站区海拔560～1100m的山坡、沟谷林中或灌丛。

主要特征照片

叶1

叶2

花

果

整株

枝

茎

椴树科
TILIACEAE

紫椴（小叶椴）

Tilia amurensis Rupr.

Amur linden, 피나무, アムールシナノキ,
Липа амурская

　　紫椴分布于中国黑龙江、吉林和辽宁，朝鲜也有分布。**是中国珍稀濒危植物（二级）**，优良的蜜源植物，花可入药，果可榨油。喜光也稍耐阴，深根性树种，喜温凉、湿润气候；耐寒，萌蘗性强，虫害少。

主要特征

- **生活型：**落叶乔木（成树高达25m，直径达1m）。
- **树干（树皮）：**树皮暗灰色，片状脱落。
- **枝：**嫩枝初时有白丝毛，**很快变秃净**。
- **叶：**单叶互生，叶阔卵形或卵圆形，长4.5～6cm，宽4～5.5cm，先端急尖或渐尖，基部心形，稍整正，有时斜截形，上面无毛，下面浅绿色，脉腋内有毛丛，侧脉4～5对，边缘有锯齿，齿尖突出1mm；叶柄长2～3.5cm，纤细，无毛。
- **芽：**顶芽无毛，有鳞苞3片。
- **花：聚伞花序**，长3～5cm，纤细，无毛，有花3～20朵；花柄长7～10mm；苞片狭带形，长3～7cm，宽5～8mm，两面均无毛，下半部或下部1/3与花序柄合生，基部有柄长1～1.5cm；萼片阔披针形，长5～6mm，外面有星状柔毛；花瓣长6～7mm；退化雄蕊不存在；雄蕊较少，约20枚，长5～6mm；子房有毛，花柱长5mm。

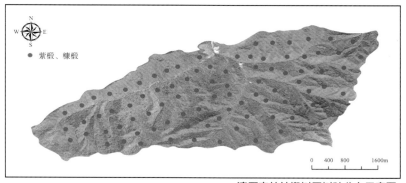

　紫椴、糠椴

0　400　800　　1600m

清原森林站椴树属树种分布示意图

椴树属 *Tilia*

- **果**：果卵圆形，长5～8mm，被星状柔毛，有棱或棱不明显。
- **花果期**：花期7月上旬至8月上旬，果期8月下旬至9月中下旬。

本区分布

    生于清原森林站站区海拔560～1100m的混交林中，清原森林站广布种。

主要特征照片

叶   叶背   果   花   芽   枝   整株   干

糠椴（辽椴）

Tilia mandshurica Rupr. et Maxim.

Manchurian linden, 염주보리수, ネンジュボダイジュ,
Липа маньчжурская

糠椴分布于中国黑龙江、吉林、辽宁、河北、内蒙古、山东和江苏北部，朝鲜和俄罗斯西伯利亚南部也有分布。是优良的蜜源植物。性喜光，较耐阴，喜凉爽湿润气候和深厚、肥沃而排水良好的中性和微酸性土壤，耐寒；深根性，主根发达，耐修剪。病虫害少。

主要特征

- **生活型：** 落叶乔木（成树高达 20m，直径 50cm）。
- **树干（树皮）：** 树皮暗灰色。
- **枝：** 嫩枝被灰白色星状茸毛。
- **叶：** 叶卵圆形，长 8～10cm，宽 7～9cm，先端短尖，基部斜心形或截形，上面无毛，下面密被灰色星状茸毛，侧脉 5～7 对，边缘有三角形锯齿，齿刻相隔 4～7mm，锯齿长 1.5～5mm；叶柄长 2～5cm，圆柱形，较粗大，初时有茸毛，很快变秃净。
- **芽：** 顶芽有茸毛。
- **花：** 聚伞花序，长 6～9cm，有花 6～12 朵，花序柄有毛；花柄长 4～6mm，有毛；苞片窄长圆形或窄倒披针形，长 5～9cm，宽 1～2.5cm，上面无毛，下面有星状柔毛，先端圆，基部钝，下半部 1/3～1/2 与花序柄合生，基部有柄长 4～5mm；萼片长 5mm，外面有星状柔毛，内面有长丝毛；花瓣长 7～8mm；退化雄蕊花瓣状，稍短小；雄蕊与萼片等

长；子房有星状茸毛，花柱长 4～5mm，无毛。
- **果：** 果实球形，长 7～9mm，有 5 条不明显的棱。
- **花果期：** 花期 7 月中下旬，果期 8 月上旬至 9 月下旬。

本区分布

生于清原森林站站区海拔 560～1100m 的林缘、山坡混交林中、山谷、山坡阔叶林中或疏林中。

主要特征照片

干

果

花

叶

枝

芽

整株

八角枫科
ALANGIACEAE

瓜木 （八角枫）

八角枫属 *Alangium*

瓜木 （八角枫）

Alangium platanifolium (Sieb. et Zucc.) Harms

Plane-leaved Alangium, 박쥐나무, ウリノキ,
Алангиум платанолистный

　　瓜木分布于中国吉林、辽宁、河北、山西、河南、陕西、甘肃、山东、浙江、台湾、江西、湖北、四川、贵州和云南东北部，朝鲜和日本也有分布。可入药，可作绿化树种。对土壤要求不严，喜肥沃、疏松、湿润的土壤；具一定耐寒性，萌芽力强，耐修剪；根系发达，适应性强。

主要特征

- **生活型：** 落叶小乔木或灌木（高5～7m）。
- **枝：** 小枝微呈"之"字形，小枝纤细，近圆柱形，常稍弯曲，当年生枝淡黄褐色或灰色，近无毛。
- **叶：** 叶纸质，近圆形，稀阔卵形或倒卵形，顶端钝尖，**基部近于心形或圆形；边缘呈波状或钝锯齿状，上面深绿色**，下面淡绿色，两面除沿叶脉或脉腋幼时有长柔毛或疏柔毛外，其余部分近无毛。
- **芽：** 冬芽圆锥状卵圆形，鳞片三角状卵形，覆瓦状排列，外面有灰色短柔毛。
- **花：** 聚伞花序腋生，具3～5花；花序梗与花梗近等长，或稍短于花梗；小苞片1枚，线形，早落；花萼近钟形，外侧被稀疏短柔毛，萼齿5，三角形；花瓣线形，6～7，长2.5～3.5cm，宽1～2mm，紫红色，外侧被短柔毛，近基部较密；雄蕊与花

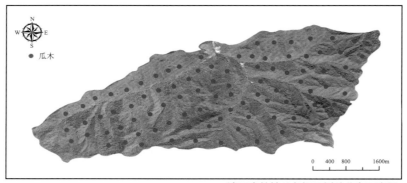

清原森林站八角枫属树种分布示意图

瓣同数，花丝长0.8～1.4cm，微被短柔毛，花药长1.5～2cm，药隔无毛或外侧有疏柔毛；子房1室，花柱粗壮，长2.6～3.6cm，柱头扁平；花盘肥厚，微裂。

- **果：**核果长椭圆形或长卵圆形，长0.8～1.2cm，**顶端宿存萼齿及花盘**，有短柔毛或无毛，有种子1粒。

- **花果期：**花期5月下旬至6月中旬，果期7月下旬至9月上旬。

📍 本区分布

生于清原森林站站区海拔560～1100m的向阳山坡或疏林中。

🖼 主要特征照片

叶

果

枝

叶背

花

干

整株

山茱萸科
CORNACEAE

红瑞木（凉子木、红瑞山茱萸）

Cornus alba L.

Tartarian dogwood, 흰말채나무, シラタマミズキ, Кизил белый

山茱萸属 *Cornus*

红瑞木分布于中国黑龙江、吉林、辽宁、内蒙古、河北、陕西、甘肃、青海、山东、江苏和江西，朝鲜半岛和俄罗斯也有分布。树皮和枝叶可入药；常引种栽培作庭院观赏植物。耐寒、耐旱、耐修剪，喜光，喜较深厚湿润但肥沃疏松的土壤。

主要特征

- **生活型**：落叶灌木（成树高达3m）。
- **树干（树皮）**：树皮紫红色。
- **枝**：幼枝初被短柔毛，后被蜡粉，老枝具圆形皮孔及环形叶痕；冬芽被毛。
- **叶**：叶纸质，对生，椭圆形或卵圆形，长5～9cm，先端急尖，基部宽楔形或近圆形，全缘或微波状，微反卷，上面暗绿色，微被伏生短柔毛，下面粉绿色，被伏生短柔毛，脉腋稀被褐色髯毛，侧脉4～6对，两面网脉微显。
- **花**：顶生伞房状聚伞花序长约2cm，被短柔毛；花序梗长约2cm，被短柔毛；花白色或淡黄色，径达8mm；花萼裂片4，三角齿状，外侧疏被毛；花瓣长圆形，长3～4mm，先端急尖，微内折，背面疏被伏生短柔毛；雄蕊长5～6mm，花丝微扁，长约4mm，花药淡黄色，长约1mm；花柱长约2.5mm，柱头盘状，子房下位，花托短椭圆形，密被灰白色伏生短柔毛；花梗密被

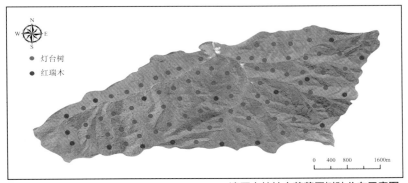

清原森林站山茱萸属树种分布示意图

灰白色短柔毛。

- **果：核果扁圆球形**，长约6mm，**外侧微具4棱**，顶端宿存花柱及柱头，微偏斜；核扁，菱形，两端微呈喙状；果柄长3～6mm，疏被短柔毛。
- **花果期：**花期6月中下旬，果期7月上旬至9月上旬。

📍 本区分布

生长于清原森林站站区海拔600～1100m的杂木林或针阔叶混交林中。

叶　叶背

花　果　干

整株

灯台树（瑞木）

Cornus controversa Hemsley

Table dogwood, 층층나무, ミズキ,
Ботрокариум спорный

灯台树分布于中国辽宁、河北、陕西、甘肃、山东、安徽、台湾、河南、广东、广西以及长江以南各地，朝鲜、日本、印度北部、尼泊尔和不丹也有分布。是优良的园林彩叶树种。喜温暖气候及半阴环境，适应性强，耐寒、耐热、生长快；宜在肥沃、湿润及疏松、排水良好的土壤上生长。

主要特征

- **生活型**：落叶乔木（高6～15m，稀达20m）。
- **树干（树皮）**：树皮光滑，暗灰色或带黄灰色。
- **枝**：枝开展，圆柱形，无毛或疏生短柔毛，当年生枝紫红绿色，2年生枝淡绿色，有半月形的叶痕和圆形皮孔。
- **叶**：叶互生，纸质，阔卵形至披针状椭圆形，先端突尖，基部圆形或急尖，全缘，上面黄绿色，无毛，下面灰绿色，密被淡白色平贴短柔毛，中脉至叶柄紫红色。
- **芽**：冬芽顶生或腋生，卵圆形或圆锥形，长3～8mm，无毛。
- **花**：顶生伞房状聚伞花序，花小，白色，4数，花萼裂片三角形，长于花盘，花瓣长圆披针形，先端钝尖；雄蕊与花瓣同数互生，花丝白色。
- **果**：核果球形，成熟时紫红色至蓝黑色。

- **花果期**：花期5月中旬至6月中旬，果期7月下旬至8月中旬。

本区分布

生于清原森林站站区海拔560～1100m的阔叶林或针阔混交林中。

主要特征照片

枝

干

叶　　果　　花　　整株

五加科
ARALIACEAE

辽东楤木 （龙牙楤木、刺龙牙）

楤木属 *Aralia*

Aralia elata var. glabrescens (Franchet & Savatier) Pojarkova

Japanese angelica tree, 두릅나무, タラノキ,
Аралия высокая

　　辽东楤木分布于中国黑龙江、吉林中部以东和辽宁东北部，朝鲜、日本和俄罗斯也有分布。种子可入药；嫩芽可食用，被誉为"山野菜之王"。阴性树种，喜冷凉、湿润的气候。喜土质疏松、不耐黏重土壤，喜湿怕涝。

主要特征

- **生活型：** 落叶灌木或小乔木（高 1.5～6m）。
- **树干（树皮）：** 树皮灰色。
- **枝：** 小枝灰棕色，**疏生多数细刺；刺长 1～3mm，基部膨大；嫩枝上常有长达 1.5cm 的细长直刺。**
- **叶：** 二**至三回羽状复叶，叶轴及羽片基部被短刺；** 羽片具 7～11 小叶，宽卵形或椭圆状卵形，长 5～15cm，基部圆或心形，稀宽楔形，具细齿或疏生锯齿，两面无毛或沿脉疏被柔毛，下面灰绿色，侧脉 6～8 对；叶柄长 20～40cm，无毛，小叶柄长 3～5mm，顶生者长达 3cm。
- **花：** 伞房状圆锥花序，长达 45cm，序轴长 2～5cm，密被灰色柔毛，伞形花序径 1～1.5cm，花序梗长 0.4～4cm；花梗长 6～7mm；苞片及小苞片披针形。
- **果：** 果球形，径约 4mm，黑色，具 5 棱。
- **花果期：** 花期 6 月中旬至 8 月下旬，果期 9 月上旬至 10 月中旬。

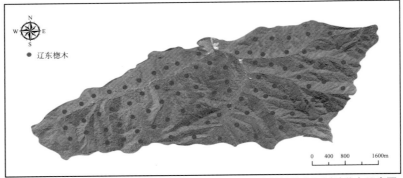

清原森林站楤木属树种分布示意图

本区分布

　　生于清原森林站站区海拔560～1000m
的混交林中。

主要特征照片

叶　叶背　枝　顶芽　果　整株　干　芽

刺五加（刺拐棒）

Eleutherococcus senticosus (Rupr. Maxim.) Maxim.
Multiprickled acanthopanax, 가시오갈피나무, エゾウコギ, Элеутерококк колючий

刺五加分布于中国黑龙江、吉林、辽宁、河北和山西，朝鲜、日本和俄罗斯也有分布。**是中国珍稀濒危植物（二级）。**药用价值极高，种子可榨油。喜温暖湿润气候，耐寒，稍耐阴。喜腐殖质层深厚、土壤微酸性的砂质壤土。

主要特征

- **生活型：** 灌木（高1～6m）。
- **枝：** 分枝多，1、2年生枝通常密生刺，稀仅节上生刺或无刺；刺直而细长，针状，下向，基部不膨大，脱落后遗留圆形刺痕。
- **叶：** 叶有小叶5，稀3；叶柄常疏生细刺，长3～10cm；小叶片纸质，椭圆状倒卵形或长圆形，长5～13cm，宽3～7cm，先端渐尖，基部阔楔形，上面粗糙，深绿色，脉上有粗毛，下面淡绿色，脉上有短柔毛，边缘有锐利重锯齿，侧脉6～7对，两面明显，网脉不明显；小叶柄长0.5～2.5cm，有棕色短柔毛，有时有细刺。
- **花：** 伞形花序单个顶生，或2～6个组成稀疏的圆锥花序，直径2～4cm，有花多数；总花梗长5～7cm，无毛；花梗长1～2cm，无毛或基部略有毛；花紫黄色；萼无毛，边缘近全缘或有不明显的5小齿；花瓣5瓣，卵形，长～2mm；雄蕊5枚，长1.5～2mm；子房5室，花柱全部合生成柱状。

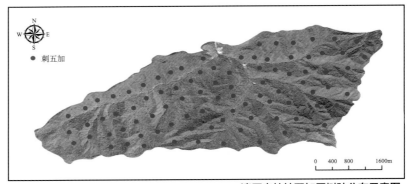

- 刺五加

0　400　800　　　1600m

清原森林站五加属树种分布示意图

- **果：**果实球形或卵球形，有5棱，黑色，直径7～8mm，宿存花柱长1.5～1.8mm。
- **花果期：**花期6月中旬至7月上旬，果期8月中旬至10月上旬。

本区分布

　　生于清原森林站站区海拔560～1100m的混交林中。

主要特征照片

叶

花

果

干

整株

枝

杜鹃花科
ERICACEAE

杜鹃花属 *Rhododendron*

迎红杜鹃

***Rhododendron mucronulatum* Turcz.**

Korean rhododendron，진달래나무，カラムラサキツツジ，
Рододендрон остроконечный

　　迎红杜鹃分布于中国内蒙古、辽宁、河北、山东和江苏北部，蒙古、日本、朝鲜、俄罗斯西伯利亚东南和阿穆尔也有分布。花色鲜艳，具有较高园艺价值；根桩奇特，是优良的盆景观赏树种。宜酸性土壤（土壤pH值以5.5～6.5为宜）。

主要特征

- **生活型：**落叶灌木（成树高12m）。
- **树干（树皮）：**分枝多。
- **枝：**新枝叶生于花芽下面叶腋；幼枝细长，疏生鳞片。
- **叶：**叶片质薄，椭圆形或椭圆状披针形，长3～7cm，宽1～3.5cm，顶端锐尖、渐尖或钝，边缘全缘或有细圆齿，基部楔形或钝，上面疏生鳞片，下面鳞片大小不等，褐色，相距为其直径的2～4倍；叶柄长3～5mm。
- **花：**花序腋生枝顶或假顶生，1～3花，先叶开放，伞形着生；花芽鳞宿存；花梗长5～10mm，疏生鳞片；花萼长0.5～1mm，5裂，被鳞片，无毛或疏生刚毛；花冠宽漏斗状，长2.3～2.8cm，径3～4cm，淡红紫色，外面被短柔毛，无鳞片；雄蕊10枚，不等长，稍短于花冠，花丝下部被短柔毛；子房5室，密被鳞片，花柱光滑，长于花冠。
- **果：**蒴果圆柱形，长1～1.5cm，先端5瓣开裂，暗褐色，密被鳞片。

清原森林站杜鹃花属树种分布示意图

- **花果期**：花期4月中旬至5月上旬，果期6月中旬至7月上旬。

📍 本区分布

　　生于清原森林站站区海拔800～1100m的山地灌丛中。

🖼 主要特征照片

叶

叶背

果

整株

花

芽

干

大字杜鹃（大字香、辛伯楷杜鹃）

Rhododendron schlippenbachii Maxim.

Royal azalea, 철쭉나무, クロフネツツジ,
Рододендрон Шлиппенбаха

大字杜鹃分布于中国辽宁南部及东南部和内蒙古，朝鲜和日本也有分布。花朵美丽，多人工栽培，具有较高的园艺价值。喜凉爽湿润的气候，耐干旱、瘠薄，宜酸性土壤（土壤pH值以5.5～6.5为宜）。

主要特征

- **生活型**：落叶灌木（高1～4.5m）。
- **枝**：枝近于轮生；幼枝黄褐色或淡棕色，密被淡褐色腺毛；老枝灰褐色，无毛。
- **叶**：叶纸质，常5枚集生枝顶，倒卵形或阔倒卵形，长4.5～7.5cm，先端圆形或微有缺刻，具短尖头，基部楔形，边缘微波状，上面深绿色，秋后变成黄色或深红色，下面苍白色，沿中脉具刚毛或腺毛，中脉基部的两侧被微柔毛，中脉和侧脉在上面凹陷，下面凸出；叶柄长2～4mm，被刚毛或腺毛。
- **芽**：花芽卵球形，鳞片卵形，先端钝，外面沿中部至顶端被伏生微柔毛。
- **花**：顶生伞形花序有3～6花，先花后叶或同放；花梗长1.2cm，被腺毛；花萼长7mm，外面被毛，5裂；花冠漏斗形，长2.7～3.2cm，蔷薇色或白至粉红色，上方有红棕色斑点，5裂，冠筒外面被微柔毛；雄蕊10枚，中下部被柔毛；子房及花柱中下部被腺毛。

- **果**：蒴果长圆球形，黑褐色，长达1.7cm，密被腺毛。
- **花果期**：花期5月中下旬，果期6月中旬至9月上旬。

本区分布

生于清原森林站站区海拔800～1100m的阔叶林下或灌丛中。

主要特征照片

叶

果

花

整株

越橘属 *Vaccinium*

矮丛越橘（蓝莓）

Vaccinium angustifolium Ait.

Lowbush blueberry, 독사월길, クロマメノキ,
Голубика узколистная

　　矮丛越橘分布于中国大兴安岭北部（黑龙江、内蒙古）和吉林长白山区，朝鲜、日本、俄罗斯、欧洲和北美洲均有分布。果实较大、酸甜、味佳，可用以酿酒及制果酱，也可制成饮料。喜耐酸性土壤环境（最适宜的pH值4.5～4.8），耐低温、耐瘠薄，有较强的抗旱、抗病虫草害能力。

主要特征

- **生活型**：落叶灌木，高0.5～1.0m（生于高山的植株高仅10～15cm）。
- **枝**：多分枝。茎短而细瘦，**幼枝有微柔毛，老枝无毛**。
- **叶**：叶多数，倒卵形、椭圆形或长圆形，长1～2.8cm，纸质，先端圆，有时微凹，基部宽楔形或楔形，全缘，上面无毛，下面疏被柔毛；叶柄长1～2mm，有微毛。
- **花**：花1～3朵生去年生枝顶叶腋，下垂；花梗长0.5～1cm，下部有2小苞片；萼筒无毛，萼齿4～5，长约1mm；花冠绿白色，宽坛形，长约5mm，4～5裂，裂齿短小，反折；雄蕊略短于花冠，药室背部有2距。
- **果**：浆果近球形或椭圆形，直径约1cm，**成熟时蓝紫色，被白粉**。
- **花果期**：花期6月中下旬，果期6月下旬至7月中旬。

清原森林站越橘属树种分布示意图

　　　　　　　📷 **主要特征照片**

　　栽植于清原森林站站区海拔560～600m，主要为人工栽培。

木犀科
OLEACEAE

梣属 *Fraxinus*

花曲柳（大叶白蜡树）

Fraxinus chinensis subsp. *rhynchophylla* (Hance) E. Murray

Beak-leaved ash, 물푸레나무, チョウセントネリコ,
Ясень носолистный

　　花曲柳分布于中国东北和黄河流域各地，俄罗斯和朝鲜也有分布。是营造水土保持林的优良树种之一，干、枝可入药，可作行道树和庭院树。喜光树种，适生于深厚肥沃及水分条件较好的土壤。根系发达，抗寒性较强。**雄花与两性花异株**。

主要特征

- **生活型：** 落叶乔木（成树最高达12～15m）。
- **树干（树皮）：** 树皮灰褐色，光滑，老时浅裂。
- **枝：** 当年生枝淡黄色，通直，无毛，1年生枝暗褐色，皮孔散生。
- **叶：** 奇数羽状复叶，长15～35cm；叶柄长4～9cm，基部膨大；叶轴上面具浅沟，小叶着生处具关节，节上有时簇生棕色曲柔毛；小叶5～7枚，革质，阔卵形、倒卵形或卵状披针形，长3～11（～15）cm，宽2～6（～8）cm，营养枝的小叶较宽大，顶生小叶显著大于侧生小叶，下方1对最小，先端渐尖、骤尖或尾尖，基部钝圆、阔楔形至心形，两侧略歪斜或下延至小叶柄，叶缘呈不规则粗锯齿，齿尖稍向内弯，有时也呈波状，通常下部近全缘，上面深绿色，中脉略凹入，脉上有时疏被柔毛，下面色淡，沿脉腋被白色柔毛，渐秃净，细脉在两面均凸起；小叶柄长0.2～1.5cm，上面具深槽。

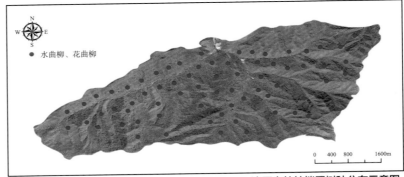

清原森林站梣属树种分布示意图

- **芽：** 冬芽阔卵形，顶端尖，黑褐色，具光泽，内侧密被棕色曲柔毛。
- **花：** **雄花与两性花异株**，圆锥花序顶生或腋生当年生枝梢，长约10cm；花序梗细而扁，长约2cm；苞片长披针形，先端渐尖，长约5mm，无毛，早落；花梗长约5mm；雄花与两性花异株；花萼浅杯状，长约1mm；无花冠；两性花具雄蕊2枚，长约4mm，花药椭圆形，长约3mm，花丝长约1mm，雌蕊具短花柱，柱头2叉深裂；雄花花萼小，花丝细，长达3mm。

- **果：** 翅果线形，长约3.5cm，宽约5mm，先端钝圆、急尖或微凹，翅下延至坚果中部，坚果长约1cm，略隆起；具宿存萼。
- **花果期：** 花期4月下旬至5月上旬，果期5月下旬至10月上旬。

📍 本区分布

生于清原森林站站区海拔560～1100m的山坡、河岸、路旁。

🖼 主要特征照片

叶　叶背　花　整株　果　干　枝　芽

水曲柳

Fraxinus mandschurica **Rupr.**

Manchurian ash, 들메나무, ヤチダモ,
Ясень маньчжурский

水曲柳分布于中国黑龙江、吉林、辽宁、华北、陕西、甘肃、湖北等地，朝鲜、俄罗斯和日本也有分布。**是国家重点保护野生植物名录（二级）、中国珍稀濒危植物（二级）和国家珍贵树种（二级），是第三纪孑遗种，是东北三大硬阔用材树种之一；木材坚硬致密，纹理美观，是工业和民用的高级用材。**适合生长在土壤温度较低、含水率偏高的下坡位。**雄花与两性花异株。**

🛩 主要特征

- **生活型**：落叶乔木（成树最高达30m，最大胸径达2m）。
- **树干（树皮）**：干形通直；树皮厚，灰褐色，纵裂。
- **枝**：小枝粗壮，黄褐色至灰褐色，四棱形，节膨大，光滑无毛，散生圆形明显凸起的小皮孔；**叶痕节状隆起，半圆形**。
- **叶**：奇数羽状复叶，长25～35（40）cm；叶柄近基部膨大，叶着生处具关节；小叶7～11枚，纸质，叶片长圆形至卵状长圆形，先端渐尖或尾尖，**基部楔形至钝圆**，叶缘具细锯齿，上面暗绿色，下面黄绿色；小叶近无柄。
- **芽**：冬芽大，**圆锥形，黑褐色**，芽鳞外侧平滑，无毛，在边缘和内侧被褐色曲柔毛。
- **花**：圆锥花序生于去年生枝上，先叶开放，长15～20cm；花序梗与分枝具窄翅状锐棱；雄花与两性花异株，均无花冠也无花萼；雄花序紧密，花梗细而短，长3～5mm，雄蕊2枚，花药椭圆形，花丝甚短，开花时迅速伸长；两性花序稍松散，花梗细而长，两侧常着生2枚甚小的雄蕊，子房扁而宽，花柱短，柱头2裂。
- **果**：翅果大而扁，长圆形至倒卵状披针形，长3～3.5（～4）cm，宽6～9mm，中部最宽，先端钝圆、截形或微凹，翅下延至坚果基部，明显扭曲，脉棱凸起。
- **花果期**：花期4月中下旬，果期8月下旬至9月中旬。

📍 本区分布

生于清原森林站站区海拔700～1100m的山坡疏林中或河谷平缓山地。

🖼 主要特征照片

果

叶

叶背

花

芽

枝

整株

干

水蜡（辽东水蜡树）

Ligustrum obtusifolium Sieb. et Zucc.

Border privet, 좀쥐똥나무, カオリイボタ,
Бирючина туполистная

　　水蜡分布于中国黑龙江、辽宁、湖南、江西、安徽、陕西、甘肃、山东和江苏沿海地区至浙江舟山群岛，日本和韩国也有分布。吸收有害气体，是中国北方地区园林绿化优良树种之一，也是行道树、绿篱及盆景的优良树种。喜光，较耐寒，对土壤要求不严；耐修剪，易整理，抗性较强。

主要特征

- **生活型：** 落叶多分枝灌木（成树高达3m）。
- **树干（树皮）：** 树皮暗灰色。
- **枝：** 小枝被微柔毛或柔毛。
- **叶：** 叶长椭圆形或倒卵状长椭圆形，长1.5～6cm，基部楔形，两面无毛；叶柄长1～2mm，无毛或被柔毛。
- **花：** 花序轴、花梗、花萼均被柔毛；花梗长不及2mm；花萼长1.5～2mm；花冠长0.6～1cm，花冠筒比花冠裂片长1.5～2.5倍；雄蕊长达花冠裂片中部。
- **果：** 果近球形或宽椭圆形，长5～8mm，**成熟时紫黑色。**
- **花果期：** 花期5月中旬至6月上旬，果期7月中旬至9月中旬。

本区分布

　　栽植于清原森林站站区。

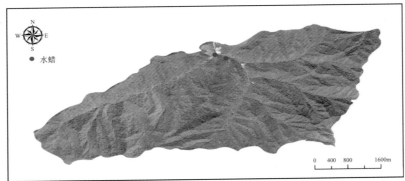

清原森林站女贞属树种分布示意图

📷 主要特征照片

叶

花

果

芽

枝

干

整株

丁香属 *Syringa*

暴马丁香（暴马子）

Syringa reticulata subsp. *amurensis* (Rupr.) P. S. Green & M. C. Chang

Japanese lilac, 개회나무, マンシュウハシドイ,
Сирень амурская

　　暴马丁香分布于中国黑龙江、吉林和辽宁，朝鲜和俄罗斯远东地区也有分布。树皮、树干及茎枝可入药；可作街路、庭院、公园绿化树种。喜光，也耐阴、耐寒、耐旱、耐瘠薄，喜肥沃、排水良好的土壤。

🔖 主要特征

- **生活型：** 落叶小乔木（成树最高可达15m）。
- **树干（树皮）：** 树皮紫灰褐色，具细裂纹。
- **枝：** 枝灰褐色，无毛，当年生枝绿色或略带紫晕，无毛，疏生皮孔；2年生枝棕褐色，光亮，无毛，具较密皮孔。
- **叶：** 叶片厚纸质，宽卵形、卵形至椭圆状卵形，或为长圆状披针形，长2.5~13cm，宽1~6（~8）cm，先端短尾尖至尾状渐尖或锐尖，基部常圆形，或为楔形、宽楔形至截形，上面黄绿色，干时呈黄褐色，侧脉和细脉明显凹入使叶面呈皱缩，下面淡黄绿色，秋时呈锈色，无毛，稀沿中脉略被柔毛，中脉和侧脉在下面凸起；叶柄长1~2.5cm，无毛。
- **花：** 圆锥花序由1到多对着生于同一枝条上的侧芽抽生，长10~20（~27）cm，宽8~20cm；花序轴、花梗和花萼均无毛；花序轴具皮孔；花梗长0~2mm；花萼长1.5~2mm，萼齿钝、凸尖或截平；花冠白色，呈辐射状，长4~5mm，花冠管长约

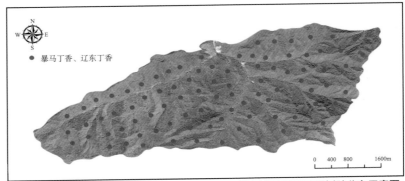

清原森林站丁香属树种分布示意图

1.5mm，裂片卵形，长2～3mm，先端锐尖；花丝与花冠裂片近等长或长于裂片，可达1.5mm，花药黄色。

- **果：** 果长椭圆形，长1.5～2（～2.5）cm，先端常钝，或为锐尖、凸尖，**光滑或具细小皮孔。**
- **花果期：** 花期5月下旬至6月中旬，果期8月下旬至10月上旬。

📍 **本区分布**

生于清原森林站站区海拔560～1100m的山坡灌丛或林边、草地、沟边或混交林中。

🖼 **主要特征照片**

叶　果　芽　花　枝　整株　干

辽东丁香

Syringa villosa subsp. **wolfii** (C. K. Schneider) J. Y. Chen & D. Y. Hong

Wolf lilac, 꽃개회나무, ハナハシドイ,
Сирень Вольфа

辽东丁香分布于中国黑龙江、吉林和辽宁，朝鲜也有分布。是优良的园林绿化灌木之一。喜光，喜土壤湿润而排水良好，耐寒。

主要特征

- **生活型**：直立灌木（高达6m）。
- **枝**：枝粗壮，灰色，无毛，疏生白色皮孔；当年生枝绿色，无毛或被短柔毛，疏生皮孔；2年生枝灰黄色或灰褐色，疏生皮孔。
- **叶**：叶片椭圆状长圆形、椭圆状披针形、椭圆形或倒卵状长圆形，长3.5～15cm，先端锐尖或渐尖，**基部楔形或近圆，叶缘具睫毛，上面无毛或疏被柔毛，下面被柔毛**；叶柄长1～3cm。
- **花**：圆锥花序直立，由顶芽抽生，花序轴被柔毛；花梗、花萼被较密柔毛；花梗长不及2mm；花萼长2～3.5mm；截形或萼齿锐尖至钝；花冠淡紫色或紫红色，漏斗状，花冠筒长1～1.4cm，裂片开展，不反折；花药黄色，位于花冠筒喉部。
- **果**：果长圆形，长1～1.7cm，先端近骤尖或凸尖，皮孔不明显。
- **花果期**：花期6月中下旬，果期7月上旬至8月中下旬。

本区分布

生于清原森林站站区海拔560～1100m的山坡混交林中、灌丛中、林缘或河边。

主要特征照片

叶　叶背　枝　果　整株　花　干

忍冬科
CAPRIFOLIACEAE

金花忍冬（黄花忍冬）

Lonicera chrysantha Turcz.

Coralline honeysuckle, 각시괴불나무, ネムロブシダマ,
Жимолость золотистая

金花忍冬分布于中国黑龙江南部、吉林东部、辽宁南部、内蒙古南部、河北、山西、陕西、宁夏、甘肃的南部、青海东部、山东、江西、河南西部、湖北、四川东部和北部，朝鲜北部和俄罗斯西伯利亚东部也有分布。花蕾、嫩枝、叶可入药。适应性很强，对土壤和气候的要求不高，根系发达，生根力强，是一种很好的固土保水植物。

主要特征

- **生活型：** 落叶灌木（高达4m）。
- **枝：** 幼枝、叶柄和总花梗常被开展的直糙毛、微糙毛和腺体。
- **叶：** 叶纸质，菱状卵形、菱状披针形、倒卵形或卵状披针形，长4～8（～12）cm，先端渐尖或尾尖，基部楔形至圆形，两面脉被糙伏毛，中脉毛较密，有缘毛；叶柄长4～7mm。
- **芽：** 冬芽卵状披针形，鳞片5～6对，外面疏生柔毛，有白色长睫毛。
- **花：** 总花梗细，长1.5～3（4）cm；苞片线形或窄线状披针形，长2.5（～8）mm，常高出萼筒；小苞片分离，长约1mm，为萼筒1/3～2/3；相邻两萼筒分离，长2～2.5mm，常无毛而具腺，萼齿圆卵形、半圆形或卵形；花冠白色至黄色，长（0.8～）1～1.5（～2）cm，外面疏生糙毛，唇形，唇瓣长于冠

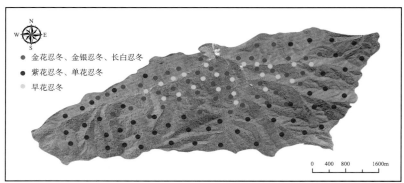

清原森林站忍冬属树种分布示意图

筒 2～3 倍，冠筒内有柔毛，基部有深囊或囊不明显；雄蕊和花柱短于花冠，花丝中部以下有密毛；花柱被柔毛。

- **果**：果熟时红色，圆形，径约5mm。
- **花果期**：花期5月下旬至6月中旬，果期7月上旬至9月上旬。

本区分布

生于清原森林站站区海拔560～1100m的沟谷、林下或林缘灌丛中。

主要特征照片

叶　叶背　果　花　枝　整株　干

金银忍冬（王八骨头）

Lonicera maackii (Rupr.) Maxim.

Amur honeysuckle, 괴불나무, ハナヒョウタンボク,
Жимолость Маака

　　金银忍冬分布于中国黑龙江、吉林、辽宁东部，河北、山西南部、陕西、甘肃东南部、山东东部及西南部、江苏、安徽、浙江北部、河南、湖北、湖南西北部及西南部、四川东北部、贵州、云南东部至西北部和西藏，朝鲜、日本和俄罗斯远东地区也有分布。全株可入药，优良的蜜源植物，是园林绿化中最常见的树种之一。喜光，耐半阴、耐旱、耐寒；喜湿润肥沃及深厚的土壤。

主要特征

- **生活型**：落叶灌木（高达6m，茎干直径达10cm）。
- **枝**：**幼枝、叶两面脉、叶柄、苞片、小苞片及萼檐外面均被柔毛和微腺毛。**
- **叶**：叶纸质，形状变化较大，通常卵状椭圆形至卵状披针形，稀矩圆状披针形或倒卵状矩圆形，长5～8cm，顶端渐尖或长渐尖，基部宽楔形至圆形；叶柄长2～8mm。
- **芽**：冬芽小，卵圆形，有5～6对或更多鳞片。
- **花**：花芳香，生于幼枝叶腋，总花梗长1～2mm，短于叶柄；苞片条形，有时条状倒披针形而呈叶状，长3～6mm；小苞片绿色，多少连合成对，长为萼筒1/2至几相等，先端平截；相邻两萼筒分离，长约2mm，无毛或疏生微腺毛，萼檐钟状，为萼筒长的2/3至相等，干膜质，萼齿5，宽三角形或披针形，裂隙约达萼檐之半；花冠先白后黄色，长1～2cm，外被短伏毛或无毛，唇形，冠筒长约为唇瓣1/2，内被柔毛；雄蕊与花柱长约为花冠的2/3，花丝中部以下和花柱均有向上柔毛。
- **果**：果熟时暗红色，圆形，径5～6mm。
- **种子**：具蜂窝状微小浅凹点。
- **花果期**：花期5月中旬至6月下旬，果期8月上旬至10月下旬。

本区分布

　　生于清原森林站站区海拔560～1100m的林中或林缘溪流附近的灌木丛中。

主要特征照片

干

叶

叶背

枝

芽

花

果

整株

紫花忍冬（紫枝忍冬）

Lonicera maximowiczii (Rupr.) Regel

Maximowicz honeysuckle, 두메홍괴불나무, マンシュウヒョウタンボク,
Жимолость Максимовича

　　紫花忍冬分布于中国黑龙江、吉林、辽宁和山东，朝鲜北部和俄罗斯远东地区也有分布。是蜜源植物，也是园林绿化树种。耐修剪，萌发力强。

主要特征

- **生活型：** 落叶灌木（高达2m）。
- **枝：** 幼枝带紫褐色，有疏柔毛，后变无毛。
- **叶：** 叶卵形、卵状长圆形或卵状披针形，稀椭圆形，长4～10（～12）cm，边缘有睫毛，上面疏生糙伏毛或无毛，下面散生刚伏毛或近无毛；叶柄长4～7mm，有疏毛。
- **花：** 总花梗长1～2（～2.5）cm，无毛或有疏毛；苞片钻形，长为萼筒的1/3；花冠紫红色，唇形；雄蕊略长于唇瓣，无毛；花柱全被毛。
- **果：** 果熟时红色，卵圆形，顶尖。
- **种子：** 种子淡黄褐色，矩圆形，长4～5mm，表面颗粒状而粗糙。
- **花果期：** 花期6月下旬至7月中旬，果期7月下旬至9月上旬。

本区分布

　　生于清原森林站站区海拔800～1100m的林中或林缘溪流附近的灌木丛中。

主要特征照片

叶　叶背　果　整株　花　枝　干

早花忍冬

Lonicera praeflorens **Batal.**

Early-blossoming honeysuckle, 올괴불나무, ハヤザキヒョウタンボク,
Жимолость раннецветущая

早花忍冬分布于中国黑龙江、吉林和辽宁的东南部，朝鲜、日本和俄罗斯远东地区也有分布。可用作观赏植物。稍耐阴，喜湿润，耐寒、耐旱、耐瘠薄，萌蘖力强，耐修剪；对土壤要求不高。

主要特征

- **生活型**：落叶灌木（高达2m）。
- **枝**：**幼枝疏被开展糙毛和硬毛及疏腺。**
- **叶**：叶纸质，宽卵形、菱状宽卵形或卵状椭圆形，长3～7.5cm，**两面密被绢丝状糙伏毛，下面绿白色，毛密，脉明显，边缘有长睫毛**；叶柄长3～5mm，密被长、短开展糙毛。
- **芽**：冬芽卵形，顶端尖，有数对鳞片。
- **花**：先叶开花，总花梗极短，常为芽鳞所覆盖，被糙毛及腺体；苞片宽披针形或窄卵形，初带红色，长5～7mm，边缘有糙睫毛及腺体；相邻两萼筒分离，近圆形，无毛，萼檐盆状，萼齿宽卵形，不相等，有腺缘毛；花冠淡紫色，漏斗状，长约1cm，外面无毛，近整齐，裂片长圆形，长6～7mm，比冠筒长2倍，反曲；雄蕊和花柱均伸出。
- **果**：果熟时红色，圆形，径6～8mm。
- **种子**：淡褐色，矩圆形，长达4.5mm。
- **花果期**：花期4月中下旬至5月上旬，果期6月上旬至7月上旬。

本区分布

生于清原森林站站区海拔560～600m的山坡或混交林下及林缘。

主要特征照片

叶

叶背

干

芽

花

果

整株

长白忍冬 （王八骨头、扁旦胡子）

Lonicera ruprechtiana Regel

Manchurian honeysuckle, 물앵도나무, ビロードヒョウタンボク,
Жимолость Рупрехта

长白忍冬分布于中国黑龙江、吉林和辽宁东部，朝鲜北部和俄罗斯西伯利亚东部及远东也有分布。是优良的园林绿化树种之一。耐寒、耐旱、喜湿润、肥沃、深厚的土壤。

主要特征

- **生活型：** 落叶灌木（高达3m）。
- **枝：** 幼枝和叶柄被绒状短柔毛，枝疏被短柔毛或无毛；凡小枝、叶柄、叶两面、总花梗和苞片均疏生黄褐色微腺毛。
- **叶：** 叶纸质，长圆状倒卵形、卵状长圆形或长圆状披针形，长（3）4～6（～10）cm，顶渐尖或急渐尖，基部圆至楔形或近截形，有时两侧不等，**边缘略波状或具不规则浅波状大牙齿，有缘毛，上面初疏生微毛或近无毛，**下面密被柔毛；叶柄长3～8mm。
- **芽：** 冬芽约6对鳞片。
- **花：** 总花梗长0.6～1.2cm，疏被微柔毛；苞片线形，长5～6mm，长于萼齿，被微柔毛；小苞片分离，圆卵形或卵状披针形，长为萼筒的1/4～1/3，无毛或具腺缘毛；相邻两萼筒分离，长约2mm，萼齿卵状三角形或三角状披针形，干膜质，长约1mm；花冠白色，后黄色，外面无毛，冠筒粗，长4～5mm，内密生柔毛，基部有深囊，唇瓣长0.8～1.1cm，上唇两侧深达1/2～2/3处，下唇长约1cm，反曲；雄蕊短于花冠，花药长约3mm。

- **果：** 果熟时橘红色，圆形，径5～7mm。
- **种子：** 椭圆形，棕色，长3mm左右，有细凹点。
- **花果期：** 花期5月下旬至6月上旬，果期7月上旬至8月上旬。

本区分布

生于清原森林站站区海拔560～1100m的阔叶林下或林缘。

主要特征照片

叶背

叶

枝

芽

花

干

果

整株

单花忍冬

Lonicera subhispida Nakai

Subhispid honeysuckle, 털괴불나무, アラゲウグイスカグラ,
Одна жимолость

单花忍冬分布于中国吉林东南部、辽宁东部等地，朝鲜和俄罗斯远东地区也有分布。可用作园林观赏。

◀ 主要特征

- **生活型：**落叶灌木（高1～2m）。
- **枝：幼枝绿褐色或红褐色，连同叶柄常有开展糙毛或近无毛，2年生小枝灰褐色。**
- **叶：**叶矩圆形、卵状矩圆形、卵形、倒卵形至近圆形，长4～7cm，顶端具短尖头或尖，基部尖、钝或近圆形，**具缘毛，上面被疏糙毛，下面带粉绿色，**脉上有糙毛；叶柄长3～6cm。
- **芽：**冬芽卵圆形，有数对鳞片。
- **花：**总花梗腋生，长10～25mm，有开展疏腺毛；双花之一因退化而不存；苞片1枚，卵状披针形至披针形，长9～14mm，有糙毛和腺毛，有时具1相对的、长约2mm的退化苞片；小苞片无；萼筒无毛，萼檐长0.3～0.5mm，口缘截形或波状；花冠黄色，漏斗状，长1.5～2cm，筒基部有囊，裂片整齐，外面有微糙毛。
- **果：**果实红色，纺锤形或椭圆形，长8～14mm，无毛；种子长3.5～4mm。
- **花果期：**花期5月上旬，果期6月中下旬至8月上旬。

◎ 本区分布

生于清原森林站站区海拔780～1100m的山坡混交林中。

🖼 主要特征照片

叶

叶背

干

枝

花

果

整株

接骨木

***Sambucus williamsii* Hance**

Williams elder, 딱총나무, コウライニワトコ,
Бузина маньчжурская

接骨木分布于黑龙江、吉林、辽宁、河北、山西、陕西、甘肃、山东、江苏、安徽、浙江、福建、河南、湖北、湖南、广东、广西、四川、贵州、云南等地。可入药。适应性较强，对气候要求不严；喜光，稍耐阴；以肥沃、疏松的土壤为好；较耐寒，耐旱，根系发达，萌蘖性强。

主要特征

- **生活型：**落叶灌木或小乔木（高 5～6m）。
- **枝：**老枝淡红褐色，**具明显的长椭圆形皮孔，髓部淡褐色。**
- **叶：奇数羽状复叶，有小叶 2～3 对，**有时仅 1 对或多达 5 对，侧生小叶片卵圆形、狭椭圆形至倒矩圆状披针形，长 5～15cm，宽 1.2～7cm，顶端尖、渐尖至尾尖，边缘具不整齐锯齿，有时基部或中部以下具 1 至数枚腺齿，基部楔形或圆形，有时心形，两侧不对称，最下一对小叶有时具长 0.5cm 的柄，顶生小叶卵形或倒卵形，顶端渐尖或尾尖，基部楔形，具长约 2cm 的柄，初时小叶上面及中脉被稀疏短柔毛，后光滑无毛，**叶搓揉后有臭气；**托叶狭带形，或退化成带蓝色的突起。
- **花：**花与叶同出，圆锥形聚伞花序顶生，花小而密；花冠蕾时带粉红色，开后白色或淡黄色。
- **果：**浆果红色，极少蓝紫黑色，卵圆形或近圆形，直径

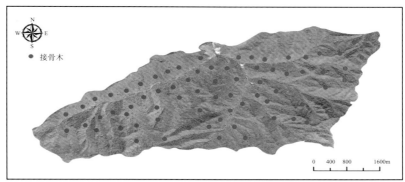

清原森林站接骨木属树种分布示意图

3～5mm；分核2～3枚，卵圆形至椭圆形，长2.5～3.5mm，略有皱纹。

- **花果期：** 花期4月中旬至5月下旬，果期6月上旬至10月中旬。

生于清原森林站站区海拔560～1100m的山坡、灌丛、沟边、路旁等地。

🖼 **主要特征照片**

叶

叶背

枝与芽

果

花

整株

干

暖木条荚蒾 (暖木条子)

Viburnum burejaeticum Regel et Herd.

Manchurian viburnum, 산분꽃나무, カラスガマズミ,
Калина буреинская

荚蒾属 *Viburnum*

暖木条荚蒾分布于中国黑龙江、吉林和辽宁，俄罗斯远东地区和朝鲜北部也有分布。是中国东北观赏植物之一。稍喜阴湿环境，但在干旱气候亦能生长良好。对土壤要求不严，在微酸性及中性土壤上都能生长。

主要特征

- **生活型：** 落叶灌木（高达5m）。
- **树干（树皮）：** 树皮暗灰色。
- **枝：** 当年小枝被簇状短毛，2年生小枝黄白色，无毛。
- **叶：** 叶纸质，宽卵形、椭圆形或椭圆状倒卵形，长（3）4~6（~10）cm，先端尖，稀稍钝，**基部两侧常不等，有牙齿状小锯齿，初上面疏被簇状毛或无毛**，后下面主脉及侧脉有毛，侧脉5~6对，近缘网结，连同中脉上面略凹陷；叶柄长0.5~1.2cm。
- **花：** 聚伞花序，直径4~5cm，总花梗长达2cm或几无，第1级辐射枝5；花大部生于第2级辐射枝；萼筒长圆筒形，长约4mm，无毛，萼齿三角形；花冠白色，辐状，径约7mm，无毛，裂片宽卵形，长2.5~3mm，比筒部长近2倍。
- **果：** 果实红色，后变黑色，椭圆形至矩圆形，长约1cm；核扁，矩圆形，长9~10mm，直径4~5mm，有2条背沟和3条腹沟。

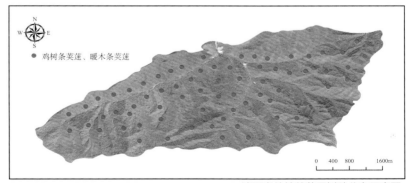

清原森林站荚蒾属树种分布示意图

- **花果期：**花期5月中旬至6月上旬，果
  期7月中旬至9月上旬。

主要特征照片

本区分布

    生于清原森林站站区海拔560～1100m
的混交林中。

鸡树条荚蒾 （鸡树条）

Viburnum opulus subsp. calvescens (Rehder) Sugimoto

European cranberry bush, 백당나무, カンボク,
Калина обыкновенная, Калина красная

鸡树条荚蒾分布于中国黑龙江、吉林、辽宁、河北、内蒙古、陕西和甘肃南部，日本、朝鲜半岛和俄罗斯远东地区也有分布。枝叶可入药，是优良的园林观赏树种。喜光树种，稍耐阴，喜湿润空气，对土壤要求不严，耐寒性强，根系发达。

主要特征

- **生活型**：落叶灌木（高达1.5～4m）。
- **树干（树皮）**：树皮暗灰褐色，有纵条及软木条层。
- **枝**：当年小枝有棱，无毛，有明显凸起的皮孔，2年生小枝带色或红褐色，近圆柱形，老枝和茎干暗灰色。
- **叶**：叶圆卵形、宽卵形或倒卵形，长6～12cm，3裂，掌状三出脉，基部圆、平截或浅心形，无毛，裂片先端渐尖，具粗牙齿；小枝上部的叶椭圆形或长圆状披针形，不裂，疏生波状牙齿，或3浅裂，裂片近全缘，中裂片长；叶柄粗，长1～2cm，无毛，有2～4至多枚长盘形腺体，钻形托叶2。
- **芽**：冬芽卵圆形，有柄，有1对合生外鳞片，无毛。
- **花**：复伞形聚伞花序，径5～10cm，有大型不孕花，总花梗粗，长2～5cm，无毛，第1级辐射枝（6）7（8）；花生于第2～3级辐射枝；花梗极短；萼筒倒圆锥形，长约1mm，萼齿三角

形，均无毛；花冠白色，辐状，裂片近圆形，长约1mm，筒部与裂片几等长，内被长柔毛；雄蕊长为花冠1.5倍以上，花药黄白色；不孕花白色，径1.3～2.5cm，有长梗，裂片宽倒卵形。
- **果**：果熟时红色，近圆形，径0.8～1（～1.2）cm；核扁，近圆形，径7～9mm，灰白色，稍粗糙，无纵沟。
- **花果期**：花期5月中旬至6月上旬，果期6月中旬至10月上旬。

本区分布

生于清原森林站站区海拔560～1100m的溪谷边疏林下或灌丛中。

主要特征照片

叶

叶背

干

枝

花

芽

果

整株

锦带花（锦带）

Weigela florida (Bunge) A. DC.

Oldfashioned weigela, 붉은병꽃나무, オオベニウツギ,
Вейгела цветущая

锦带花属 *Weigela*

锦带花分布于中国黑龙江、吉林、辽宁、内蒙古、山西、陕西、河南、山东北部、江苏北部等地，俄罗斯、朝鲜和日本也有分布。是主要的早春观花灌木之一。喜光，耐阴，耐寒；对土壤要求不严，能耐瘠薄土壤，但以深厚、湿润而腐殖质丰富的土壤生长最好，怕水涝；萌芽力强，生长迅速。

主要特征

- **生活型：**落叶灌木（高达1~3m）。
- **树干（树皮）：**树形圆筒状；树皮灰色。
- **枝：**枝条开展，幼枝稍四方形，有2列短柔毛。
- **叶：**叶矩圆形、椭圆形至倒卵状椭圆形，长5~10cm，顶端渐尖基部阔楔形至圆形，边缘有锯齿，上面疏生短柔毛，脉上毛较密，下面密生短柔毛或绒毛，具短柄至无柄。
- **芽：**芽顶端尖，具3~4对鳞片，常光滑。
- **花：**花单生或成聚伞花序生于侧生短枝的叶腋或枝顶；萼筒长圆柱形，疏被柔毛，萼齿长约1cm，不等，深达萼檐中部；花冠紫红色或玫瑰红色，长3~4cm，直径2cm，外面疏生短柔毛，裂片不整齐，开展，内面浅红色；花丝短于花冠，花药黄色；子房上部的腺体黄绿色，花柱细长，柱头2裂。
- **果：**果长1.5~2.5cm，顶有短柄状喙，疏生柔毛；种子无翅。

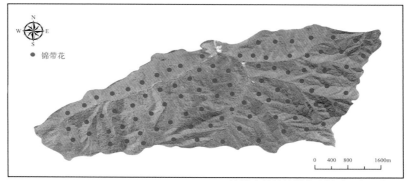

清原森林站锦带花属树种分布示意图

- **花果期：**花期4月中旬至5月中旬，果期6月上旬至8月上旬。

🖼 **主要特征照片**

📍 **本区分布**

　　生于清原森林站站区海拔560～1100m的混交林或山顶灌木丛中。

叶

果

叶背

花

枝

整株

干

中文名索引

拉丁名索引